生きものは円柱形

本川達雄 Motokawa Tatsuo

NHK出版新書
540

はじめに

生きとし生けるものはみんなまるくなろうとする（……）世尊も輪廻の教えをお説きになった
——坂村真民「みんなまるい」

本書は生きものの形について考えるところから始まります。そんな話題、学校で習ったことがありますか？　私は高校生物の教科書編集委員長をしており、仕事上、理科の教科書は小学校から高校まで目を通しているのですが、「生きものはこんな形をしている」と書いたものは見当たりません。

生物に接して、まず気づくのがその形でしょう。私たち人間は五感を通して外界を感じていますが、五感の中でも視覚が主役。数にして、全感覚細胞の七割もが目に存在しているのです。だから形は最もとらえやすく、最も親しみのもてる生物の特徴なのですが、教科書では形が話題になりません。細胞・タンパク質・遺伝子という、顕微鏡や電子顕微鏡を使わないと見えないものの話はたくさん出ているのに、肉眼で見えるものが無視されています（これでは理科離れが起こってもしょうがないんじゃないのかなあ）。なぜこうなのでしょうか。私の推測では、目があまりにもよく見えて細かい違いまで「目についてしまい」、生きものはこんな形だと、ざっくりと言い切ることができないから。

形はとても重要です。この事態を放っておくわけにはいきません。そこで本書では「えいやっ！」と思い切り、「生きものは円柱形だ」と言い切ってしまいました。私たちの指も手足も胴も、円くて細長い。つまり円柱形ですね。木々の幹も枝も根もそうです。生物には円柱形の部分があふれています。それに対してまわりをみわたせば、部屋は四角、家具もみな四角と、人工物は角張っています。形が大きく違っています。なぜでしょう？そこを考えていくことにします。

「ちょっと待って！」と声がかかりそうですね。「円柱形って、真ん丸で真っすぐに伸びたもの。でも指も手足も途中に関節があってぼこぼこしているし、胴など、背腹方向にちょっと薄いしで、これを円柱形と言い切るのは、あまりにもアバウトなんじゃない」

そこなのですね。フッサール（二〇世紀初頭に活躍したオーストリアの哲学者で、現象学の創始者）が問題にしたところです。幾何学的な「定義」とは別のところに、円の「本質」があるというのが彼の議論。哲学者の竹田青嗣は、プラトンの「イデア」論と対比させる形で、フッサールの「本質看取」の概念を次のように解説しています。

「円」とか「円い」という言葉で浮かぶさまざまなもの、ボールや、線路のカーブや、皿や、電球等々をどんどん思い浮かべてみる（＝想像変容）。その上で、それらの像の外的な差異を捨象してなお共通項として残りつづけるようなある「同じ感じ」があるとすれば、それが「円の本質」なのである、と。

（竹田青嗣『プラトン入門』）

世の中に存在している個々の物（個物）は、一つ一つが違うものです。大量生産して同じように見える物でも、よく見れば、傷があるとか材料にむらがあるとか、必ずちょっとした違いが存在するものです。だから個物はみな、この世に唯一の存在です。そういうばらばらの個物の中に共通性・普遍性を見出していくのが科学です。定義とは共通の部分について語るものであり、個物そのものを定義することはできません。個物は共通部分からはみ出た部分をもっているものだからです。

現実に存在する生物の個体（つまり個物）に、定義通りのものを期待することはできません。幾何学の定義通りの円柱形の生物など存在しないのです。体全体が円柱形に見えるミミズやカイチュウでも、節があったり前後が細くなっていたりで、円柱形そのものではありません。形を扱う学問が幾何学。幾何学の言葉をそのまま当てはめて生物の形を厳密に考えていこうとすれば、生物の形はしっちゃかめっちゃかで、一言で「この形だ」と言い切れる形など存在しません。

物理や化学の中心的な考えである基本粒子（原子や分子）は概念、つまり普遍的共通粒子として考えつかれたものです。遺伝子もそうです。それに対応する現実の分子や原子は、目に見えませんから、分子に個性があっても、われわれには気づけません。だからこそ、厳密な定義通りに世界ができていると考えて、不都合が起きないのです。そして、そういう考え方が、「科学的な考え」として定着しており、目に見える生物にも、定義を直接当てはめてしまおうとしがちなんですね。でもそうすると困難に突き当たるから、生物の形など考えないことにする。これが、形について教えない理由でしょう。

このような科学的厳密主義だけでは、生物の本質にたどりつけないのですね。ちょっとアバウトに眺めるからこそ、円柱形という、生物が示す共通性が見えてきます。

本書では、こんなスタイルで生物の共通性・本質を考えていきます。その際、目に見え、感じられることを大切にします。私たちの目に見える形、自分で感じられる時間、自分自身がとんだりはねたりするメカニズム等々、本書は、生き生きとした「実感の生物学」の入門書です。

生きものは円柱形　目次

校閲　ペーパーハウス
DTP　NOAH
図表作成　本川達雄
原　清人

第1章　生きものは円柱形

生きものの形を一言で言うと？

生きものには非常にいろいろなものがいます。その形もさまざまです。生きもののもっとも生きものらしいところは、多様だというところでしょう。生きものを見ていると、「あ、こんなのもいる」、「あ、あんなのもいる！」と、楽しくてしょうがないのですが、さて、その多種多様な生きものの形を整理して、生きものって、いったいどんな形をしているのかと考え始めると、とても整理などできそうもないなと、頭をかかえてしまいます。でも、何らかの形に整理しなければ科学にはなりません。科学は単純性を目指す性癖を強くもっているからです。

では、これこそが生きものらしい特徴的な形なのだと、一言で言いきれる形があるでしょうか？

こんなことを言っている人がいます。

「生物は円柱形である」

円柱形、つまり断面が丸くて細長いのが生物の特徴的な形だと言うのです。アメリカのウエインライト教授です（私はノースカロライナ州にあるデューク大学の彼の研究室に二年ほどお世話になっていました）。

生物は円柱形である――そう言われてその気になって見てみると、たしかに生物は円柱形に見えてきます。

窓の外に目をやってみましょう。木が見えますが、木の幹は円柱形です。枝も根もそうです。円柱形が組み合わさって木ができています。そして木全体の形を見れば、先が細くなったり広がったりといろいろですが、丸くて細長いのは確かですから、やはり円柱形と言えないことはありません。

私たちの体はどうでしょうか。じっと手を見ますと、指は円柱形です。腕も円柱形です。脚も胴体も、そして首も円柱形です。円柱形が組み合わさって私たちの体ができているのです。そして「気をつけ！」をすれば、体全体もやはり円柱形です。もちろん私たちの胴はちょっと背腹方向に薄いし、指だって関節のところでぼこぼこしているから厳密に見れば円柱形ではありませんが、ここではちょっとアバウトに、だいたい円柱形なら円柱形とみなしてしまえば、まあ、みんな円柱形ですよね。

体が円柱形そのものという生きものもたくさんいます。ミミズ、ツクシ、カイチュウ、ドジョウ。

ドジョウやウナギは円柱形の魚ですが、弾丸のようなマグロだって、前後がスリムになった円柱だと言えないことはありません。

だけど蝶《ちょう》やトンボが円柱形をしているとは言いませんね。大きな平たい羽があり、これがまず目につくものです。でも羽をとってしまったらどうでしょうか。まさに円柱形です。それにイモムシやヤゴの時代には、蝶やトンボといえども円柱形そのものなのです。ヒラメやエイのような平べったい魚も、稚魚《ちぎょ》の時には円柱形をしています。

今度は体の内側をのぞいてみましょう。血管は円柱形です。気管も腸も神経も円柱形です。骨も多くのものが円柱形をしています。このように見てくると、生物は体の外側も内側も円柱形をしていることがわかります。

平たいものにはわけがある

でも、生きものは何でも円柱形だと、そう簡単には言い切れません。木は円柱形だとさっき言ったけれど、葉は平たいですね。もちろん鳥や蝶の羽も平らです。私たちの体を見ても、手のひらは平らですし、足の裏もそうです。耳たぶも平らと言っていいでしょう。平らな部分がなぜ平たいのかは、簡単に想像がつきます。これは面積の問題です。同じ量の材料を使って、できるだけ面積の広いものを作ろうとしたら、薄く引きのばして平らなシートにすればいいですね。シートというのは、表面だけのようなものです。

平べったいものは、面積が重要になる部分で見られます。平たい手のひら。これで棒を握るとしましょう。手と棒の間の摩擦が大きいほどしっかりと握れるのですが、摩擦力は面積に比例します。だからこの場合、平たい形は良い形なのです。手のひらの上に物をのせることもしますが、この場合も、面積が広いほどたくさんの物をのせられます。これはお皿が平たいのと同じことです。

木の葉が平たいのは、その広い面積で光をたくさん集めて、効率よく光合成をするためです。ソーラーバッテリーが平らなのと同じです。

花びらも薄く平たいものですが、これは虫に見えやすいように、なるべく面積を広くする意味があるでしょう。植物は動けません。そこで昆虫にたのんで花粉を仲間のめしべまで運んでもらい、そのお礼に虫に蜜を与えます。花びらは「ここに蜜があるから来て下さい」と、虫にアピールする宣伝ポスターです。なるたけ遠くからでも目立つように、派手な色で大きな面積になっているのが花びら。見せるためのものは旗であれ看板であれポスターであれ、平らにできているものです。

ただしつぼみの時、花びらは緑色で目立ちませんね。受粉の準備ができるまでは、花びらの大きな面積で、めしべとおしべを包んで守っているのです。このように花びらは平たいことを、守るのと見せるのと両方に使っているのです。

皮膚《ひふ》も、いわば平たい丈夫な布を巻いたようにして表面を守っています。爪が平たいのも守るためです。爪は手足の末端の外側にあり、最もぶつかりやすい部分です。そこを平らな硬いもので守ります。守る以外に、マニキュアをして見せることにも、人間は使いますね。

鳥や蝶の羽は平たいのですが、これは飛ぶために大量の空気を押す必要があるからです。広い面積をもった羽をパタパタさせれば、より多くの空気を押して飛ぶことができます。扇子もうちわも扇風機の羽も、みな平らなのと同じことです。

魚は水を押して進みます。平たいヒレで大量の水を押すのです。

耳たぶは平たいのですが、これはパラボラアンテナと同じで、広い面積で音を集めています。

とりわけ大きなゾウの耳やウサギの長い耳には、もう一つの意味があります。放熱板としての役割です。熱は表面を通って出入りしますから、熱が逃げていく量も表面積に比例します。ゾウやウサギでは体が暑くなったら耳の血管に血を送って、耳の広い表面から熱を外に逃がして冷やしています。車のラジエーターも平らな板が並んでいますが、これと同じ原理です。ステゴザウルス（剣竜）の背中の板が、防御の他に放熱板としての役割もはたしていたのではないかという意見もあります。

インドゾウとアフリカゾウとでは、耳の大きさが違っていますね。ダンボみたいに大きな耳をしているのがアフリカゾウです。大きさの違いは放熱の必要度と関係するようです。インドゾウは密林の中にいるので、直射日光に当たる機会は多くありません。一方、アフリカゾウは草原にいます。陰になるものがなくカンカン照りの日光をまともに受けます。大きな耳は高性能のラジエーターとして働き、それに加えてうちわのように耳をぱたぱたさせれば風も起こって、さらに体を冷やすのに役立っていると考えられます。

そもそも表面積は生物にとって非常に重要なものです。外界と接するのが表面ですから、食べものや酸素をはじめとするエネルギーのもとは表面を通して入ってきますし、光や音や匂いという感覚情報も表面から入ってきます。逆に排泄物は表面を通して外界へと捨てられます。運動においても、羽やヒレのように平たいものは外界により多くの力を伝えられるので、速く前に進めます。食物、情報、運動と、どれをとっても大きい表面は有利であり、表面積の大きい薄い平らな形は生物にとって都合がいいと思われます。

とすると、地球が平たい生物で満ち満ちていても良さそうなものですが、現実はそうではありません。

円柱形は強い

平たい形には重大な欠点があります。体を支えられないことです。

実験してみましょう。手近にある紙を一枚、手にとってみて下さい。フニャフニャして立ちませんね。ましてや上から力を加えたら、その力に耐えて立っていることなど、とてもできません。ところがこの紙を丸めて筒にしてやると立つし、上から力を加えても、ちゃんと支えて形を保ちます。まったく同じ材料なのに、円筒にすると強くなって姿勢を保てるのです。魔法みたいですね。形を工夫するだけで、これほどの違いが出てきます。

もう一つ実験をしてみましょう。食器洗い用のスポンジ（薄い直方体のもの）を用意して、端に糸でおもりをぶらさげます。おもりを下げる場所は、食器をこする長方形の面の短い辺の中程にします。おもりを手で受けてスポンジに力が加わらないようにしておき、おもりをとりつけた逆の辺を持ってスポンジを水平に保つようにしてからおもりを支えていた手を放すと、スポンジはへにゃっと下に曲がるでしょう。次に、スポンジを九〇度回転させて、スポンジの厚い方向に力が加わるようにおもりをかけてみます。今度はほとんど曲がらないはずです。ものは薄い方向に曲がりやすく、厚い方向には曲がりにくいものなのです。つまり、薄い方向には弱い。円とは、どの方向にも同じ厚さですから、弱い方向がありません。だから円い形は強い形なのです。

生物の形とは、そもそも何を反映しているのでしょうか？　骸骨《がいこつ》に服を着せたものでも、遠くから眺めればヒトに見えますね。骸骨、つまり骨格系が形を決めているのです。骨格系は、体に加わる力に抗して体の形を保つ役割があります。力としては、風や水の流れや重力などのように外から加わる力もありますし、自分自身が筋肉を収縮させて出す力もあります。これらの力が加わっても、グシャッとつぶれることなく形を保つのが骨格系の役目です。

骨格系は強くなければなりません。そして円柱形は強い形なのです。だから骨格系が円柱形になるのは、もっともなことなのです。

骨格系の形が体全体の形を決めており、骨格系が円柱形なのですから、生きものは結局、円柱形になるというわけです。

もちろん葉や羽など、表面積が問題になる部分では薄い平らな形になります。でも葉を見て下さい。葉には葉脈（水や養分を運ぶ管）が走っていますね。葉脈は円柱形です。つまり円柱形が平たい形を支えているのです。トンボの羽に網目のように走っている気管（翅脈《しみゃく》）もやはり円柱形で、これが羽の平らな形を保ちます。魚のヒレでも円柱形の支えが通っています。鳥の翼の場合にはもっと極端です。一枚の羽を見ると、真ん中に太い円柱が走っていますね。じつはこれだけが円柱ではありません。羽の平らに見える部分は、細い糸のような円柱がずらっと並んで平らな形をつくっており、結局、羽は円柱形の塊です。このように、薄い平たいものの形を保つのには、やはり円柱形が支えとして使われているのです。

円柱形は球から進化した

生命の進化の過程においては、まず体が細胞一個だけからできている小さな単細胞生物が出現しました。たぶん最初のものは球形をしていたでしょう。細胞膜は油の膜ですから、表面張力によって表面積がもっとも小さい形である球になったと思われます。シャボン玉が球形になるのと同じ理屈です。その後、この単細胞生物からいくつかの細胞で体ができた多細胞生物が進化してきました。初期の多細胞生物も、細胞が寄り集まった小さな塊状、つまり球形をしていたと思われます。ちょうど受精卵が何回か分裂を繰り返して細胞の塊になった状態（図2−2b、53ページ）に対応するイメージです。この球形を出発点として、だんだんと大きなものが生まれ出て今日の姿になったのだと考えられます。

なぜ生物のサイズが大きくなったのでしょう？　生物が、今もっているものに加えて、さらに新しい機能を獲得しようとすれば、新たなタンパク質や細胞が必要になります。タンパク質であれ細胞であれ、新しい種類が追加されれば、当然それを容《い》れるスペースが必要になるわけで、体のサイズが大きくならざるを得ません。進化の歴史は新たな機能の獲得の歴史とも見ることができますが、それは視点を変えればサイズの増大の歴史としても眺めることができるでしょう。

球形のまま生物が大きくなっていったとすると、じつは都合の悪いことが生じます。球とは体積当たりの表面積が一番小さい形なのです。ここがサイズの増大とともに問題となってくるのです。もちろん強いということから言えば、球は一番強い形です。細長いものは折れますし、角ばったものは角が欠けやすいものです。ただし生物にとって表面積を確保することは非常に重要なことですから、球の表面積の小ささは大問題となります。

ここでサイズが変わると表面積がどう変化するかを見ておくことにしましょう（図1-1）。大きさは違うけれどまったく同じ形をした二つの物体を考えます。大きい方が、縦も横も高さも二倍あったとしましょう。すべての長さが二倍になると面積は2×2＝4倍、体積は2×2×2＝8倍となります。「表面積＝縦×横」であり、これは長さの二乗に比例します。「体積＝縦×横×高さ」であって、こちらは長さの三乗に比例します。つまり表面積の増え方は体積の増え方より少ないのですから、大きいものほど、体積の割には表面積が小さくなります。体積当たりの表面積は長さに反比例して小さくなるのです。長さが二倍になれば、体積あたりの表面積は半分になってしまいます。

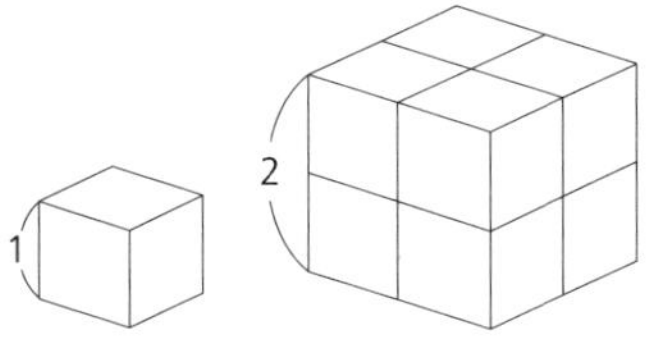

図1-1　同じ形で大きさの違う物体

生物では、体積は組織の量に対応します。だから体が大きくなればなるほど、組織量に比べて表面積が小さくなってしまうのです。内部に生きた組織がたくさん詰まっているのに、それを養うための食物や酸素の入ってくるべき表面が小さくなるのですから、これは重大な問題です。なんとか手を打たねばなりません。生きものにとって表面積を確保することは死活にかかわることです。サイズの増大にともなう表面積の割合の低下をいかに抑えるかは、進化の上で解決すべき大問題でした。

表面積が広いといえば、平たい形です。だから体を平べったくしてしまえばこの問題は解決できるのですが、でも平たい形はフニャフニャして体を支えられません。さらに、平たいとノペッと広がるのですから、体の端と端との距離が大きく離れてしまいます。離れれば体内での情報の伝達や物質の輸送はむずかしくなるでしょう。体の一端を敵にかじられていても、他端はなかなかそれに気づかないという事態にもなりかねません。また、運動に対する抵抗は表面積に比例しますから、速い運動をしようとすると平たくて表面積が広すぎるのも考えものです。動物には、より速く動くという要請があるものなのです。こう考えてみると、体を平たくして表面積の問題を解決するのは、あまり良い方向とは思われません。

球から変形して、強さを保ちながらも表面積を確保するには、丸い断面のまま細長くなるのが一つの方法でしょう。これが円柱形です。円の良いところは、周囲のどの方向にも等しく対応できることです。力はいろいろな方向からかかってくるでしょうし、情報を集めるにも広くかたよらない方が良いでしょう。それに円柱形ならば中心に一本、太い神経や輸送用のラインを通せば、円周上の各点は中心から等距離ですから、情報や物質の輸送も楽です。

動物の場合、運動しなければなりませんが、円柱形の丸い断面は良い点があります。角がなく丸い形は運動するとき引っかかることもないので、移動運動が楽になります。また、円柱形のように細長い体だと、細い先を先頭にして泳げば、水の抵抗が減ります。円柱形の太さを前端と後端で細くすれば流線形になり、さらに抵抗が減って、ますます速く泳ぐことができるようになるでしょう。

「円柱形動物」の進化

初期の動物の多くは円柱形をしていたと思われます。これらは海に住んでいました。今でも、海に住む非常に多くの「下等」な動物が円柱形をしています。線虫、ヒモムシ、ゴカイ等々、英語でワーム（虫）と十把《じっぱ》ひとからげに呼ばれているものたちは、みな円柱形です。

円柱形の動物が泳ぐには、体をくねらせて水を押せばよいでしょう。泳ぐためにはたくさんの水を押す必要がありますから、水を押す広い表面が必要になります。円柱形の体の側面全体がその表面を提供します。体を波のようにくねらせ、その波を前から後方へと送れば水を後ろに押すことができます。体は反作用で前に進みます。

泳ぐ方向は決めておいた方が良いでしょう。そうすればより速く泳げるように筋肉や神経を配置できます。そこで前端（頭）と後端（しっぽ）の区別が生まれてきます。食べものを求めて泳いでいくわけですから、泳ぎ着いてすぐに食いつくためには口が前端にあるべきです。排泄口は後端に開きます。そうでないと自分の排泄物をかき分けかき分け泳がねばなりません。

前端は未知の環境にまず接する端です。だからそこに、目や鼻のような外界の情報を感じとる感覚器ができてきます。感覚器からの情報を処理し判断して、筋肉に泳げと指令を発する神経の塊（脳）も前端にできます。脳の場所はどこでもいいと思われるかもしれませんが、そうはいきません。感覚器から出てくる信号はごく微弱なものですから、脳までの距離が離れていると、途中で雑音がまぎれ込み判読不能になるおそれがあります。だから脳は感覚器のごく近く、つまり前端にあった方が良いのです。

光は上からきます。一方、重力は下方に働きます。環境に上下の方向性がありますから、それに対応して背腹の区別も生じてくるでしょう。

さらに速く泳ごうとすると、より多くの水を押すために平たいヒレが登場します。でも体自身は円柱のままです。水を押す運動にかかわらない部分までも平らにすると、水の抵抗が増えてしまうからです。ここまでくるとわれわれの直接の祖先の脊椎《せきつい》動物である魚になりました。

続いて動物は海から陸へと進出します。陸の動物の代表は昆虫とわれわれ脊椎動物ですが、どちらも円柱形の胴体から、細長い円柱形の脚を突出させました。

脚がヒレのように平たいものではなく円柱なのは、走るのと泳ぐのとの違いです。走るにせよ泳ぐにせよ、前に進むためにはまわりのものを押さねばなりません。押した反作用で体は前に進むのです。そこは同じなのですが、押す相手が違います。泳ぐ場合には水を押します。水はサラサラと流れていってしまうものですから、強い反作用を得ようと思ったら、たくさんの水を押さねばなりません。だから広い面積をもつ平たいヒレで多量の水を押すことになります。空気を押して空を飛ぶ場合も事情は同じです。ところが走る場合には、押す相手は固い地面。地面は固くひとかたまりになっていますから、小さい脚で蹴ろうと大きな脚で蹴ろうと、蹴れば地球全体を蹴っとばしたことになります。だから走るのに、あしの裏の面積はほとんど問題になりません。

問題になるのは脚の長さの方です。脚が長ければ速く走れます。脚の付け根を筋肉で動かせば先端は速く動きますね。てこの原理で脚先のスピードが増幅されているからです。脚は円柱形をしていますが、これは断面が丸くて細長いものです。てこですから、当然、細長いわけで、長ければ長いほどスピードの増幅率が増し、より速く走れます。断面の丸いことは強さと関係しています。脚は地面を蹴っても曲がらずひしゃげず、しっかりと硬く変形しにくいものでなければいけません。太ければ変形しにくいのですが、そうすると重くなってしまいます。重い脚は動かすのに余計にエネルギーがいります。そこで細くても軽いけれどヘニャヘニャしにくい強い形を選ばねばなりません。それが円柱形です。昆虫でも脊椎動物でも、脚は丸く細長い円柱形となっているのはこういうわけです。これについては第5章でくわしくお話しします。

植物についても形の進化を見ておきましょう。初期の陸上植物は葉などなく、円柱形の幹と枝だけのものでした。円柱形は重力にも負けず、また四方八方からの風の力にも負けずに植物の体を立った位置にしっかりと保ちます。背丈が高くなれますので、他のものの陰にならずにすみ、また丈の高い円柱は表面積が大きいので光をたくさん集められます。円柱形は限られた土地を有効に使って光を受ける面積を増やすのに良い形でした。

さらに広い光合成面積を得るために平らな葉が進化してきました。葉ができる時には、何本かの円柱形の枝の間に、ちょうど指の間に水搔《か》きが張るように膜ができて葉になったのだと考えられています。つまり「初めに円柱形ありき」だったのです。

膜構造は丸くなる

生物は円柱形、つまり丸くて細長いものです。これには今まで述べてきた理由、つまり曲がりにくくて強いことや運動する際の抵抗が小さいことの他に、別の理由も存在します。中に液体や気体が詰まっていて内圧のかかる構造物は丸い断面になるのです。水道管もガス管も丸いですね。ホースもストローも丸。ビール瓶だってお鍋だって丸い断面をしています。圧力のかかる容器は丸いものです。四角いガスタンクなどお目にかかれません。角の両側の辺が圧力で押されると、角の先端部に力が集中して角が開いて壊れ、破裂してしまうからです。丸ければ管の壁はどこでも一様に同じ力で押されますので、角のあるものよりずっと強くなります。この事情は生きものでも同じこと。血液を流す管（血管）や空気を流す管（気管）は丸い断面をもっています。

そもそも生物とは、中に水が詰まった風船のようなもの、内圧がかかってふくらんでいるものなのです。生物の体は大部分が水でできています。私たちの体の六〜八割は水なのですが、その水がしなやかな膜で包まれているのが動物です。

このことを細胞という単位で考えてみましょう。体は細胞からできているのですが、細胞は細胞膜というしなやかな膜が一番外側にあり、その中に水が詰まったものとみなすことができます。細胞とは膜に包まれた水なのです。

では体全体で考えてみましょう。私たちの外側は皮膚というしなやかな膜で包まれています。そしてその膜の内側には体液が詰まっています。だから体全体でみても、やはり水が膜の内部に包みこまれたものなのです。

皮袋の中に水の詰まったものが動物だと言っていいでしょう。皮には水の圧力が内側から加わり、皮はたるまず張っています。さてここで、ガスタンクやホースのことを思い出して下さい。内圧のかかる構造物は丸くなるものでしたね。生物は内圧のかかる構造物なのですから、当然、丸くなるわけです。これがなぜ生物が丸いのかの、もう一つの理由です。このことについては後の章でくわしくお話しします。

このように、丸くなる理由は一つではありません。いくつものもっともな理由が重なっているからこそ、あれほど多くの生きものが円柱形をしているのです。

人工物は角ばっている

生きものは円柱形をしています。私たちのように体の中心に硬い骨をもったものも、ミミズやイソギンチャクのように骨をもたないものも円柱形。よく動くカモシカの脚も、動かない木の幹や根も円柱形です。もちろんハコガメやハコフグなどという四角いものもいるにはいますが、これらは例外的な存在です。

では生きもの以外の形はどうでしょうか。部屋の中を見回してみましょう。部屋そのものは箱形です。床も壁も天井も平らです。平らなものが直角に組み合わさって四角い箱になっています。そして部屋の中のテーブルもテレビもタンスも、みなカクカクと角ばった四角い箱です。丸くはないのです。人工物の多くは四角い形をしています。生きものは丸くて角がないのに、人工物には角が目立ちます。平面と平面とが接してできたゴツゴツした角があるのです。

生きもの以外の天然物はどうでしょう。岩はゴツゴツしています。宝石など、結晶はすべて平面と角でできています。もちろん川原の石のように摩耗して丸くなったものもありますが、はじめから丸っこいのは地球と富士山と鍾乳石くらいでしょうか。意外と丸いものは少ないのです。こう見てくると、丸いということは生物に特徴的なことと言っても良いと思われます。

「四角い煙突」の謎

生きものは丸い、それに対して人工物は四角い。生きものと人工物とでは、形の上で大きな違いが存在します。

このことに関して最近、考えさせられる経験をしました。ある研究所を訪ねた時のことです。茶飲み話に「四角い煙突」が建ったという話題が出ました。ここからも見えますよというので、さっそく屋上にあがって工場地帯の方に目をやると、ありました。根元が少し広がったそれは、煙突というよりも、すごく細くて丈の高い瀟洒《しょうしゃ》な建物という感じです。煙突と言えば昔から丸いものと相場が決まっています。「それをまた何で四角く?」と聞くと、「美観に配慮して」とのことでした。

ビルにしても住宅にしても、建物という建物はみな四角い箱型です。都会では空間がすべて四角い箱でビッシリと埋めつくされているのです。そういうところに丸い煙突がニョキッと立っていると、あまりにも異質で、景観上どうにも調和がとれません。だから煙突も四角くすれば、落ちつきのある、美観にも配慮した街づくりができるだろうというのが、煙突を四角くした理由だそうです。

四角い煙突を見、この話を聞いているうちに、「何か変だな」という思いが強くなってきました。たしかに現実の四角い煙突は瀟洒で悪くはないのですが、生物学者としては、どうもこういうアイデアには賛成しかねるのです。

そのわけを説明する前に、なぜ煙突が円柱形なのかを考えておきましょう。これは形が意味をもっていることの良い例ですし、また、生きものがなぜ円柱形なのかの復習にもなるからです。

円柱形とは断面が丸くて細長いものです。この「丸い」と「細長い」は、煙突にとって、両方意味があります。

まず「細長い」。煙突は不要な煙やガスを、なるべく空の高いところに捨てるものですから、背丈が高い必要があります。敷地面積は限られますので、当然、細長いものにならざるを得ません。

細長いものは曲がりやすくたわみやすいものです。短い棒と長い棒とを曲げてみればすぐにわかるでしょう。曲がりやすさは長さの三乗に比例します。長さが二倍になると、同じ力を加えても、なんと八倍も曲がってしまいます。高い煙突には上空の大きな風の力が加わりますし自分の重さもかなりなものになります。ただでさえ細長くて曲がりやすいのに、これらの力が加わるのです。それでも曲がらずたわまず、垂直に立った姿勢を保っておくには、断面の形を工夫して、強いものにしなければなりません。そして丸い断面は良い形なのです。

丸ければ三六〇度、どの方向からの力にも同じように対処できます。風向きも地震の揺れも方向はあらかじめ決まっているものではありません。すべての方向に強くするには、どうしても丸い形をとらざるを得ないでしょう。

丸は同じ面積なら周囲の長さがもっとも小さい形です。だから丸くすれば風に触れる面も少なくなり、煙突にかかる風の力を小さくできます。また、丸くて角がないということは流線形なので乱流が起こりにくく、これも風の力を減少させる効果があります。

風の影響はもう一つ考えられます。丸はどの方向から見ても左右対称ですが、もし非対称だと、風が当たれば飛行機の翼の原理で、風向きと直角方向に力が働きます。煙突に曲げの力が加わるわけで、これは好ましくありません。完全に対称な丸い断面は、この点からも良い形です。

煙突は外から見れば円柱形ですが、真ん中が抜けており、円筒形です。中空の部分があるのは煙を通すという目的のためで、これは当然なのですが、ここでも丸は良い形なのです。先ほど述べたように、丸は内に包んでいる面積あたりの周の長さが一番少ないのです。壁の近くでは、煙は壁との摩擦ですんなりとは昇っていきませんから、煙の通る面積あたりの壁が少ないと、効率よく煙を通せます。また、角があると、角の隅では煙が淀《よど》んでしまいますから、ここでも角のない丸い形が良いことになります。

丸い形が良いのは、これだけではありません。煙突に限らず、中ががらんどうの構造物で圧力のかかるものは、みな丸い形をしています。外側から圧力がかかってくる潜水艦も船底もトンネルも丸い断面をしていますし、内側から圧力のかかるガスボンベや水道管も、やはり丸です。丸は圧力に強い形だからです。煙突も風圧を受けますし、中で排気ガスが爆発したりして圧力が加わる場合も出てきますから、丸い形が良いことになります。

こう見てくると、丸いということは強い形であることがわかります。だから丸くすれば、他の形にするよりも少ない材料で、十分な強度のあるものがつくれて経済的だし、軽くできるので、船などの動くものは少ない燃料で走れることになります。また、煙突や水道管のように中を気体や液体を通して運ぶものなら、丸ければ抵抗が減り効率よく運べるので、より細い径のものでもまにあい、建築費が節約できます。

生物に「やさしい」デザインとは？

このように煙突にとって円柱形は良い形なのです。それでもあえて四角くしたのは、景観という環境を重視し、見る人のことを大切にする姿勢の表れであり、「環境にやさしい」、「人にやさしい」発想が四角い煙突を生んだということなのでしょう。

たしかにわれわれの身のまわりは四角い物ばかりです。街は四角い建物で埋め尽くされていますし、部屋の中を見渡しても四角いものだらけ。私たちは、こんなにも四角いものにとり囲まれて暮らしているのです。

その四角の中に丸いものがポツンとあると、異質で浮き上がってしまい、どうにも見ていて落ちつかず、ひいては丸いものは美しくないという感覚を、われわれはもってしまうのかもしれません。だからこそ煙突も美しい四角に、ということになったのでしょう。「四角は美しい、丸は醜い」というのが、四角で埋め尽くされた都会の美意識になってしまったのかもしれません。

さてでは、その四角い建物の中で四角い家具にとり囲まれて暮らしているヒトという生物がどんな形をしているかというと、これがじつは古くさい煙突と一緒で、丸い円柱形なのです。

こういう丸い体は四角い部屋にそぐわない。丸い人体は醜い。これからは四角い顔が美人の条件。ファッションだって箱をかぶったような四角いものがもてはやされるようになる。四角いテレビの画面の中の箱男と箱女のラブシーンにうっとりするのが近い将来の午後の時間帯――四角い煙突の論理を突き詰めていくと、こうなってしまうでしょう。

でもこの手の箱形至上主義には反発を感じてしまいます。そもそも私たち自身を含め、生物はみな、円柱形なのです。円柱形を増やせば世のなか円満、人生しあわせと、そう主張したいのです。

生きものはそもそも丸いのに、なんで人間はこうも四角いものばかり作りたがるのだろうかと、私は常日頃から疑問に思っていました。もちろん作る側にも、それなりの理由があるのはわかります。四角ならば安定性がいい。四角ならばぴったり納まる。そして最大の理由は、四角ならば作りやすいということでしょう。

ただしこれは作り手の論理です。近ごろ「人にやさしい技術」や「環境にやさしい技術」という言葉をしょっちゅう耳にするようになりました。これは大変いいことですが、そこで気になるのが丸と四角に端的に表れている人工物と生物の設計思想の違いです。設計思想がこうもかけ離れていて、はたしてそう簡単に生物や人や環境にやさしいものなど作れるのでしょうか？

丸い煙突が異質に見えるのなら、解決策は簡単。まわりに木を植えればいい。丸い木々の中で丸い煙突は美しく映えるはずです。円柱形の生きものたちを排除して四角い建物で空間を埋めつくし、その上でそういう環境への影響を考慮し見る人の美意識に配慮して四角い煙突を建てても、それはまやかしのやさしさというものではないでしょうか。四角い煙突の発想から生まれてくるのは、丸い自己の体に対する醜悪感、つまりは自己嫌悪です。自分自身に嫌悪感をもたせるようでは、人にやさしい技術とは、とても呼べません。

さて、この「人にやさしい」ですが、この言い方は、かなり情緒的で、「やさしい」とは何なのか、いったいどうやったらやさしくなれるのか、いま一つはっきりしません。そこで、「やさしい」という言葉を「相性がいい」と言い換えれば、ある程度はっきりしてくると私は思うのです。四角と四角なら相性がいいが、丸と四角は相性が悪い。だからこそ四角い煙突なのでしょう。このような論理からいけば、当然、私たち丸い人間と四角い人工物とは相性が悪いことになります。今の技術は人にさっぱりやさしくはないのです。どうしたらやさしくなれるかを人間本位に考えれば、人工物の方を丸くするのが筋というものでしょう。

もちろん、私はなんでも丸くすればいいと主張するつもりはありません。言いたかったことは、「四角い煙突」のような技術のあり方を批判する具体的根拠を、生物学は提供できるということです。生物学というと、浮き世離れした学問で技術などとはまったく縁がないと思われがちですが、それは違います。

人間は生物の一員だし、環境も多くの生物によってつくられているものです。だから、人へのやさしさ、環境へのやさしさこそ、今後、技術が目指すべきものでしょう。人や環境にやさしいものを作りたいなら、生物との相性を良くする必要があります。そのためには、生物がどのようなデザインをもっているかを、エンジニアもよく知っていなければなりません。そのような知識をふまえてはじめて、人にも環境にも、本当にやさしいものが作れるのだと私は思っています。

本書では、生物のデザインを学びながら、技術や私たち現代人の生き方が、本当に私たちを含めた生きものと相性が良いものなのかどうかをも、考えていくことにしましょう。

第2章　生きものは水みずしい

前章では、生きものがどんな形をしているかを考えました。この章では、生きものは何でできているかについて考えましょう。生きものを構造物と見立て、建築材料に何が使われているのかという疑問です。

その答はズバリ「水」。生物の体は、半分以上が水でできています。ヒトでは大人で六〇%、新生児は、なんと八〇%が水です。ナマコやクラゲにいたっては九〇%以上が水なのです（表2－1）。四捨五入すれば「生物＝水」、生物は水っぽいのです。

生命は水の中から生まれた

生物はなぜこんなにも水を含んでいるのでしょうか？

これは歴史的な経緯によるものでしょう。生命は海の中で生まれました。太古の海に溶けてただよっていた有機物が、薄い膜で外界とのしきりをつくって自己を確立したのが生命のはじまりだと見なせると思います。だから「膜で包まれた水」が生物の基本なのです。なぜ生命は海で生まれたのでしょう？　これには水という特別な物質の性質が関係しています。

生命とは活発な化学反応が、たえず起こっているものです。化学反応の起こりやすい環境でなければ、生命が生まれることはできなかったでしょう。そして水溶液の状態は、化学反応の起こりやすい状態なのです。学校で化学の実験をする時、薬を粉のまま使うことはしませんね。それぞれの薬品を水に溶かし、その溶液を混ぜ合わせます。すると化学反応が起こるものです。海という、化学反応の起こりやすい水溶液の状態の下で生命が発生したのでした。

なぜ水溶液だと化学反応が起こりやすいのかを考えておきましょう。水には多くの物質を溶かす能力があります。水に溶けると結晶になっていたものもイオンに分かれたり個々の分子になったりとバラバラになり、水の中を熱運動により動きまわれるようになります。だから分子同士がぶつかりあって反応しやすくなるのです。また、乾燥している時には丸まっている高分子もほどけて長く伸び広がって、やはり化学反応が起こりやすくなります。たえず化学反応が起こっているのが生きている状態ですから、海という、反応の起こりやすい水溶液から生命が始まったのは、もっともなことです。そして今でも、生物は体内を水溶液の状態に保ち続けることにより、活発な化学反応を起こし続けています。水を断たれれば、たちまち死んでしま

ヒト	新生児	79%
	成人	62
ヤギ		76
ワニ		73
ウシガエル		79
フエダイ		71
タラ		82
ミミズ		80
ゴキブリ		61
クラゲ		95

表2-1　動物の水分含有量（体重あたりの百分率）

うわけで、水は命の泉なのです。

水の特別な性質

水ほど何でもよく溶かすものは、他に見あたりません。なぜよく溶かすのかは、水の分子構造から説明されます。水の分子はH_2O、酸素原子を中心に、二個の水素原子が、ちょうど角度一〇四・五度の二等辺三角形をなすように配置されています（図2−1）。酸素と水素は電子を共有しているのですが、酸素の方がより強く電子を引きつけるので、水の分子内に電荷のかたよりができ、水素側が少々＋に、酸素側が少しだけ−に帯電します。

このような水が食塩の結晶と出会ったとしましょう。食塩は＋のナトリウムイオンと−の塩素イオンとが静電的な力で引き合って結晶になっているのですが、その間に水の分子が割って入り、水分子の−側が＋のナトリウムイオンと引き合い、水分子の＋側は−の塩素イオンと引き合うという形で、結晶をバラバラのイオンに分けて溶かすことになります。水に溶けるということは、溶けた分子が水の分子と弱く結びついているということです。

水が物を溶かすメカニズムはこれだけではありません。水分子は「水素結合」という特別な結合をつくることにより、他の分子と弱く結びついて溶かしてしまうこともあります。

水素原子には、酸素原子や窒素《ちっそ》原子のように電子を引きつけやすい原子の間に入って橋かけして弱い結合をつくる性質があります。こうしてできる結合を水素結合と呼びます。水の分子それ自体が酸素と水素とが結びついたものですから、他の分子の一部に酸素や窒素の部分があれば、水の水素が仲立ちになり、その分子との間に水素結合が形成され、二つは弱く結びつきます。このようにしていろいろな物質が水に溶けるようになります。

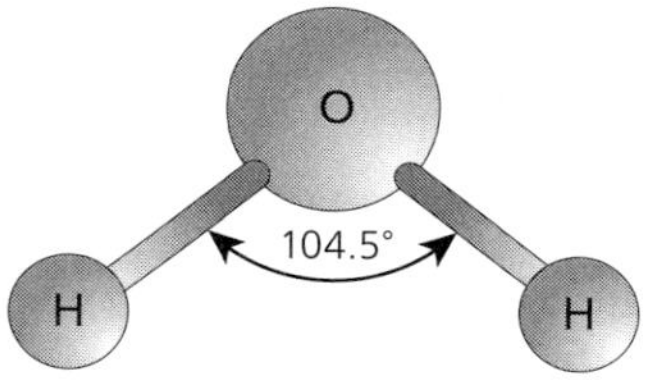

図2-1　水の分子

水素結合は、水の分子間でも起こり、水分子は水素結合により、お互いに弱く結びつきます。ここから水の特別な性質がいろいろと出てくるのです。

水の沸点が高いのもその一つです。水の分子量は一八。ごく小さな分子です。この分子量ならば、沸点がマイナス八〇度程度。室温では気体の状態になっているのがふつうです。ところが水では分子同士が引き合っているから気体になりにくく、室温でも液体のままなのです。

液体であることは、生命にとってもっとも基本的な条件です。物質には固体、液体、気体の三つの状態があります。固体の状態では、分子と分子とが密にギュッと詰まっていて分子は自由に動き回ることができません。だから他の分子とぶつかり合って化学反応を起こすことは困難です。固体中では生命のように化学反応が活発に起こる必要のあるものは生まれにくいでしょう。

では気体ならどうでしょうか？　気体の場合には分子は自由に動き回れるのですが、分子同士が非常に遠く離れており、これも反応を起こすには不都合です。化学工業では、よく気体の状態で化学反応を起こしているのですが、その際には高い圧力をかけて気体を圧縮して分子同士の距離を小さくし、かつ高温にして分子の動く速度を高めて反応を起こさせています。地上のようにずっと低い圧力と温度の下では、気体の状態での生命はむずかしいと思われます。それにタンパク質のような高分子が働いて生命活動が成り立つものだとすれば、そんな高分子を気体の中にふわふわ浮かべておくのは至難の技でしょう。

では液体ならどうでしょうか？　液体だと固体と違って、分子はある程度自由に動き回れます。また、気体と違い分子同士の距離もそれほど離れてはいません。だから反応が起きやすく、水という液体が生命の基本となっているのです。

水は安定した環境をつくる

水は常温では液体です。水を気化させて水蒸気にするには大量の熱を注ぎ込まねばなりません。これも水分子が水素結合によってお互いが引きつけ合っているためです。もし水が蒸発しやすいものだったら、小さな水たまりはすぐに干上がってしまうでしょうし、大きな海だって地球的な長い時間のあいだにはなくなってしまったかもしれません。分子同士が弱く引き合って蒸発しにくいという水の性質は、生命をはぐくむ安定した環境をつくる上で、重要なことでした。

安定な環境といえば、水は暖めにくく冷めにくいという性質があり、安定した温度環境を提供しています。急激な温度変化から生きものを守っているのです。温度が上がるとは、分子がより速く動き回るようになることです。水分子の間には弱い結合があるので、たくさんの熱を注ぎ込まなければ動き回れるようになりません。だから水は暖めにくいのです。

氷が水に浮くのは、水の不思議な性質の一つです。四度の水の方が氷よりも重いから氷が浮いてしまいます。この性質も安定な棲息《せいそく》環境をつくる上で重要なものです。南極や北極では外気温は氷点下何十度にもなりますから、外気にふれた表面の水はすぐに凍ってしまいます。もし氷が水より重かったら、氷は下に沈み込み、新たに表面に出た水はまた凍って沈みと、どんどん海底に氷が積もっていき、ついには極地の海は全部が氷になってしまうでしょう。現実には氷の方が軽いので海の表面が氷で覆われてこれが断熱材となり、下の水は外の寒さから守られています。固体である氷が軽いからこそ、水という液体の環境が安定して存在できるのです。

この、氷が水より軽いということにも水素結合が関係しています。ふつう、固体は液体より重いものです。分子同士がしっかりと結びついて構造をつくるのが固体ですから、液体の時より体積が小さく比重が重くなるのです。氷のように逆に軽くなるのは、ほとんど例がありません。このようなことが起こるのは、水が液体の状態においても、水素結合により分子同士が弱く結びついて構造をつくっており、この構造が氷の構造よりも密に分子が詰まったものだからです。

生命＝膜に包まれた水

このように、水はさまざまな類まれな性質をもっています。この水に溶けてただよっていた有機物が、薄い膜で外界とのしきりをつくって初期の生命となりました。この膜に包まれた小さな水溶液こそ細胞で、今でも私たちの体をつくる基本単位となっています。

細胞の膜は油（脂質）でできています。油は水をはじきますから、水中のしきりとしては格好の材料です。でも完全に外と内とを隔離してしまうと、外から食物などを取り込むことができません。じつは膜にはタンパク質が埋め込まれてあり、これが内と外とを橋渡しする役目をはたしています。

多くの細胞は八五~九〇%が水でできています。細胞の中味はほとんどが水といってもいいものなのです。体の中で活発な化学反応の起こっている場所が細胞であり、そこがこんなにも水を含んでいるのです。もちろん骨や髪や皮下脂肪のように、場所によっては水気の少ない部分があり、体全体でならしてみれば水分含量がヒトでは六〇%程度に下がるのですが、これら水分の少ないところは死んだ部分だったり細胞の外に分泌された部分だったりで、こういう場所では化学反応は活発ではありません。化学反応の活発さと水分含量には、強い相関関係があるのです。

発生過程から進化を想像する

一個の細胞から生命が始まりました。そして機能の増大にともない細胞の数が増えて多細胞生物になっていったのです。

今でも動物一匹一匹みんな、受精卵という一個の細胞から、発生という過程を通して数多くの細胞からなる体をつくり上げる作業を繰り返しています。

生物学では、「発生」という言葉を二つの場面で使います。一つは今使った、個体が一個の卵から成体へとつくられていく過程です。これは個体の発生です。それに対し、進化の歴史においてその生物種がどのように変化してできてきたのかの過程を系統発生と呼びます。エルンスト・ヘッケル（ダーウィンと同時代のドイツの生物学者）は「個体発生は系統発生を繰り返す」という名言を残しました。この言は、厳密には正しくはないのですが、個体発生は、ある程度は進化の跡をなぞって進行します。そこで個体発生を通して進化の跡を想像しながら、進化のおのおのの段階でも、生物は「膜で包まれた水」であることを見ていくことにしましょう。

発生の過程は卵（一個の大きな細胞）と精子（一個の小さな細胞）とが合体し、受精卵となるところから始まります。受精卵は一個の細胞です（図2-2a）。細胞膜と受精膜に包まれた水と見なせるものです。受精卵は分裂を繰り返して細胞の数が増え、細胞の塊となります（図2-2b）。さらに細胞数が増えると細胞は互いに密着してずらりと並んでシート状になり、体の外側をすっぽりと覆い、内部は中空でここに水が詰まった状態になります。これが胞胚です。いわば中に水の詰まったゴムまりみたいなものです（図2-2c、図2-3b）。ゴムまりのゴムの部分が細胞のシートでできており、これはまさに「膜（シート）で包まれた水」と呼べるものでしょう。

次に表面のシートの一部が体の内部へと陥没していき、ちょうどゴムまりを指で押し込むように筒形に体内に入り込みます（図2-2d、図2-3c）。これが原腸《げんちょう》陥入と呼ばれる現

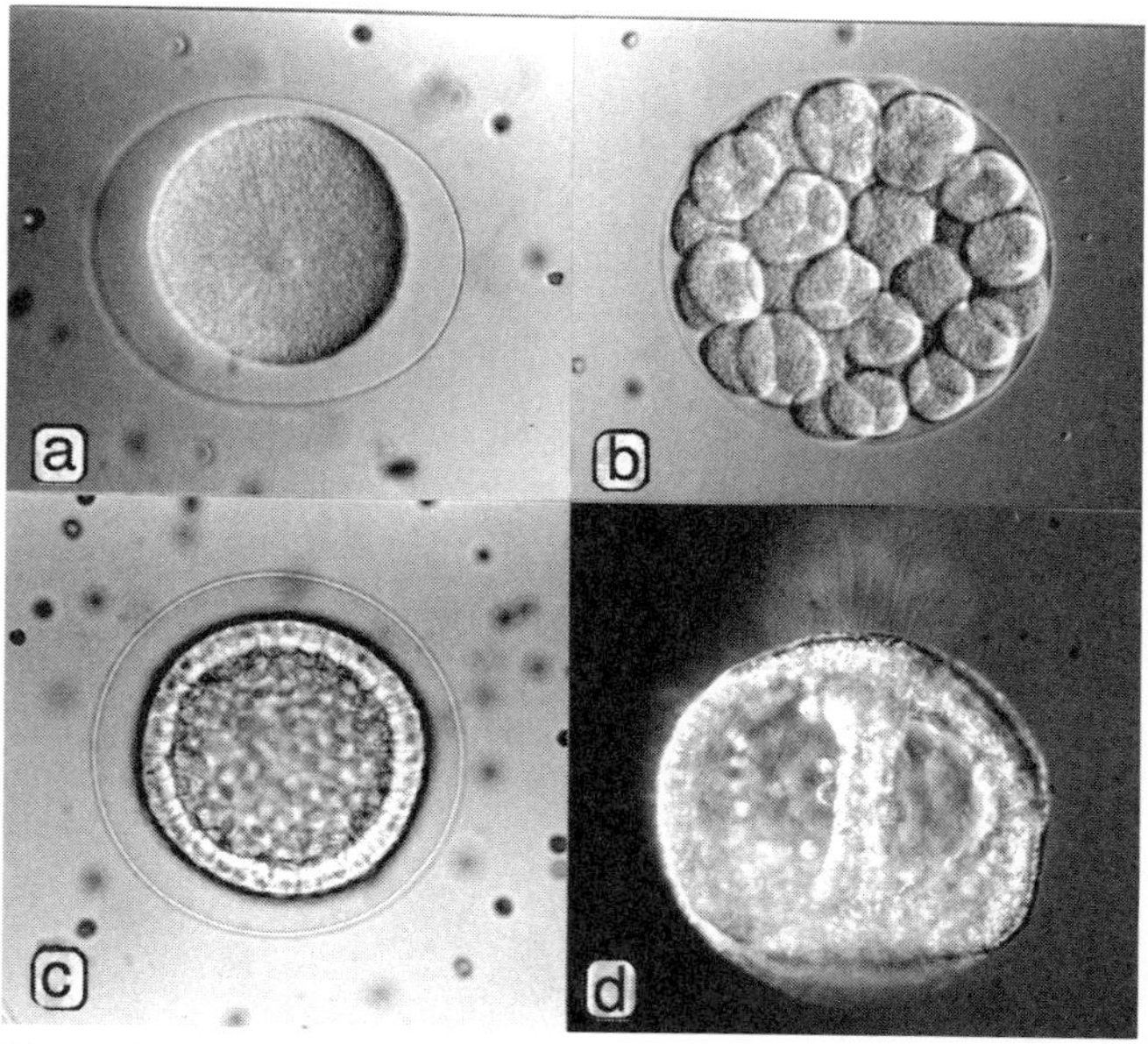

図2-2　ウニの個体発生。a：受精卵。外側を包んでいる透明な厚い膜が受精膜。b：分裂して細胞の塊状になった時期（桑実胚）。c：さらに細胞数が増えて、細胞が表面に並びボール状になった時期（胞胚）。d：原腸が管状に内側へ入り込んだ時期（原腸胚）。原腸は写真の下側から陥入をはじめ、上側にまで達している。上側の外胚葉の細胞には長い繊毛が生えている（佐藤節子氏提供）

象です。こうして、外表面を覆っているシートと、内に入り込んだシートとの二種類にシートが区別できるようになります。内側に陥入しているシートを内胚葉《ないはいよう》、外表面を覆っているシートを外胚葉《がいはいよう》と呼びます。これら内外二つのシートで囲まれている空間には水が詰まっています。細胞でできたシートが内部に水を包み込んでいるのですから、これも「膜に包まれた水」とみなすことができます。

なぜこのような陥入が起こるのでしょうか？

これは表面積の問題だと思われます。前章で見たように、体のサイズが大きくなるにしたがい、体積あたりの表面積は小さくなります。食物は表面を通して入ってくるのですから、事は重大です。なんとか表面積を確保しなければなりません。凸凹をつければ表面積が増えますから、まず大きなへこみを一つつくって、そのへこみを、生物にとってもっとも大切な食物の獲得にあてたと考えられるでしょう。へこみの中に食物を抱え込んでおけば、ゆっくりと消化吸収できます。

内胚葉や外胚葉から、発生の過程でいろいろな組織や器官ができてきます。内胚葉からは消化吸収のための器官がつくられます。消化管とは食物を消化吸収する面積を増やすために、体の内側に膜を折り込んで管状にしたものなのです。**図2－3c**で内側に入り込んだ管（つまり内胚葉）が消化管の起源で、この管を原腸と呼びます。肝臓やすい臓など消

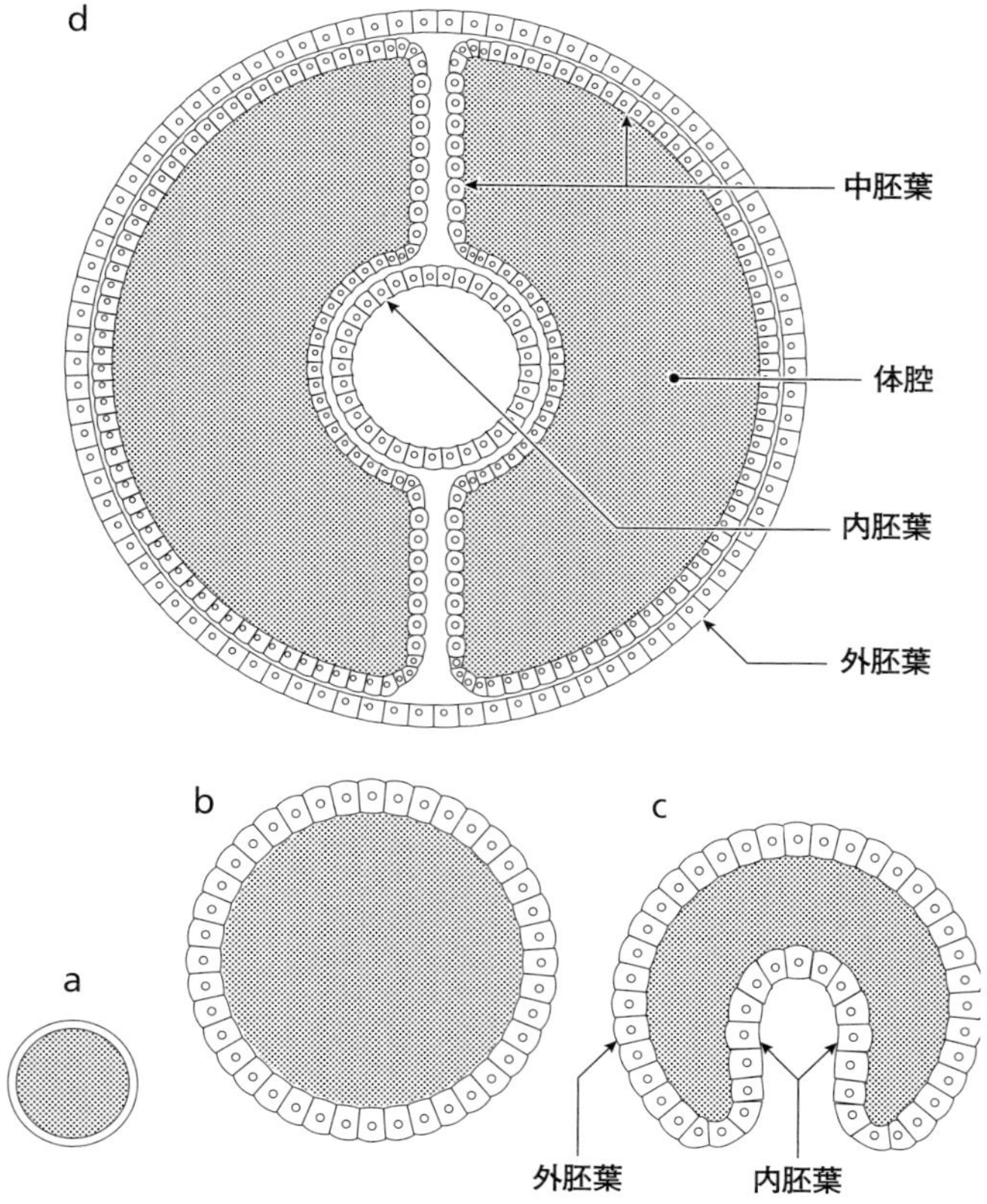

図2-3　発生段階と進化の段階を対応づけた模式図。a:受精卵と単細胞生物の段階。b:細胞が表面に並んでボール状になったほう胚と組織の進化していない動物の段階。c:ボールの一部がへこんで、管状に内側へ入り込み、内胚葉と外胚葉との区別ができた原腸胚および二胚葉動物の段階。d:三胚葉動物の断面。中胚葉が外胚葉と内胚葉を裏打ちし、内部に水の詰まった体腔ができる。すべての図で、内側の点を打った部分が水。各段階とも、膜で包まれた水だということがわかる

外胚葉：表皮、感覚器官、神経、脳	
中胚葉：骨、筋肉、真皮、結合組織、心臓、血管、血球、腎臓、生殖巣	
内胚葉：腸、食道、胃、肝臓、すい臓、肺、えら	

表2-2　各胚葉から生ずる器官

化に関連する臓器も内胚葉由来です。また、食物をエネルギーとして使うためには、酸素で食物を「燃やす」必要がありますが、その酸素を手に入れるためのえらや肺（呼吸器系）も内胚葉からつくられます。食物と酸素、つまりエネルギーを得るための器官が内胚葉からできてくるのです。

外胚葉からは感覚器や神経系がつくられます。なぜ外胚葉からなのかは、こんなふうに考えると理解しやすいでしょう。外胚葉とは外界と体とを区切る膜です。この膜を通して外界の情報が入ってきます。感覚器は情報をキャッチするものですし、そしてそれを処理するのが神経系ですから、これらが外胚葉という外界にじかに接する胚葉からできてくるのは納得のいくことです（表2−2）。

内胚葉と外胚葉という二つの胚葉だけから体ができているのが初期の動物だったと思われます。今でも、サンゴやヒドラやクラゲの仲間（刺《し》胞《ほう》動物）は内外二つの胚葉しかもっていません。二胚葉動物と呼ばれるものたちです。

他のほとんどの動物では、二つの胚葉の間に、もう一種別の細胞のシートをもっています。「中胚葉」です(図2−3d)。外胚葉は表面にあって体の外と接していますし、内胚葉も内側に入り込んでいるとはいえ、腸管の中は体の外ですから、やはり内胚葉も外界と接しているのですが、中胚葉は完全に体の中にあり、外胚葉と内胚葉とを内側から裏打ちしています。こうすると体の中心部に中胚葉というシートで囲まれた広い空間ができるわけで、この空間が「体腔《たいこう》」です。体腔には体液が詰まっています。

三胚葉動物は中央に体腔の水があり、この水が細胞のシートで包まれています。体腔の外側は中胚葉に裏打ちされた外胚葉というシートで囲まれ、内側は中胚葉に裏打ちされた内胚葉というシートで囲まれているのです。だから三胚葉動物もやはり「膜で包まれた水」とみなすことができるものです。

こうやって見ると、二胚葉動物も三胚葉動物も、どちらも「膜で包まれた水」という基本の形は保っています。体腔をもつ動物を「真体腔動物」と呼び、われわれをはじめ、ほとんどの動物は体腔をもった三胚葉動物です。なぜ体腔という大きな水の詰まった袋が進化してきたかの理由については第5章で考えることにします。

中胚葉とサイズの増大

二胚葉だけで生きている動物もいるのに、なぜ中胚葉というもう一つの胚葉が必要になったのでしょう？　これにも体のサイズの増大が関係していそうです。なぜなら中胚葉からできてくる器官は、筋肉や循環系、排泄系などで（表2－2）、これらはみな、体の小さい動物には必要のないものだからです。

筋肉といえば動くためのもの。走るにせよ飛ぶにせよ泳ぐにせよ、動くためには筋肉が必要だと私たちは思っています。でもこれは私たち自身が相当に大きな動物だし、まわりの目にとまる動物にしてもサイズの大きいものばかりだから、こんなふうに考えてしまうのでしょう。筋肉を使って動くのは体の大きいものであり、体のうんと小さいものたちは筋肉ではなく繊毛《せんもう》を使って動くのです。図2－2dにウニの幼生の写真をあげてありますが、こんな〇・一ミリほどの小さい幼生は、体の表面全面に繊毛という小さな毛を生やしており、それを振り動かして泳ぎます。筋肉という中胚葉由来のものは、サイズの大きい動物になって活躍するものなのです。これに関しては第6章でくわしくお話ししましょう。

心臓や血管（循環系）も中胚葉からできてくるのですが、これらもサイズの大きい動物になってはじめて必要になるものです。え？　と不思議に思われるかもしれませんね。循環系は体の中の道路でありベルトコンベアーです。酸素や栄養物をはじめ、大切な物資を輸送分配するシステムで、心臓が止まれば、それが私たちの死を意味しています。こんな大切なもの、いらないはずはないと思うのですが、じつはそうでもありません。体が小さいうちは、循環系のような特別な輸送系はなくてもいいのです。

これには「拡散」という現象を理解する必要があります。分子は熱運動で動いています。酸素分子であれグルコースのような食物の分子であれ、水中をフラフラと動いて濃度の濃い方から薄い方へと次第に広がっていきます。これが拡散です。体のサイズが小さく輸送すべき距離がわずかなら、この拡散だけで十分輸送がまかなえます。拡散は自然におこる現象ですから、これを使えばタダで物が運べます。こんな楽ができるのも、生物は水という何でも溶かしてしまう環境に住み、そして体内も、細胞の内部をはじめ水だらけという環境になっているからです。この水という液体の中を分子が自由に拡散します。固体中ならこうはいきません。

ただし拡散で輸送がまかなえるのは輸送距離が小さい時だけです。体のサイズが大きくなり運ぶべき距離が増すと、拡散では時間がかかりすぎて間に合わなくなってしまいます。専門の輸送システムが必要になり、そこで登場するのが循環系です。心臓というポンプで体液をグルグル回し、その体液に物質を溶かして輸送します。ここでも水が働いています。必要な場所に運ばれた物質は細胞内に取り込まれます。細胞内部の輸送は、距離が小さいですから、拡散でまかなわれます。

腎臓のような排泄系でも事情は同じです。体が小さいうちは、不要になった化学物質も拡散により、ひとりでに体の外に出ていきます。しかし体が大きくなると、特別な濾過《ろか》排出のシステムが必要になるのです。

こう見てくると、筋肉や循環系や排泄系をつくる中胚葉は、体のサイズが大きくなるにともなって出現したことが納得できると思います。

子供は水みずしい、老人は枯れている

本章では「膜に包まれた水」という視点から、生物の発生・進化を見てきました。単細胞生物も二胚葉動物も三胚葉動物も、体の複雑さに大きな違いはあるのですが、すべて「膜で包まれた水」というデザインをもっています。

私たちも例外ではありません。ヒトも体腔をもった三胚葉動物です。体腔の中の水や血液や組織の間の水のみならず、細胞そのものも九割近くが水でできているのです。私たちの体は、まさに皮膚という膜の中に水が詰まったものです。

ずっと立ちっぱなしで仕事をしていると、夕方には足がむくんで皮がつっぱってきますね。これは水がだんだんと下の方に降りてきて足に溜まり、ふくれるからです。われわれが水の詰まった皮袋であることを実感できる現象です。

これだけ体が水でできているのですから、水を飲まなければ生きていけません。「飲まず食わず」と並べられますが、食べないでも八〇日間生きたという記録がある一方、飲まずにいられるのは五日ほどです。水はこれほどまでに人体にとって不可欠なものなのです。

ヒトも子宮という水環境の中で一生を始めます。生まれたばかりの赤ん坊は体の八〇％が水です。成長するにしたがい水は少なくなり、成人では六二％になります。このうち細胞の内部にある水が四二％、細胞の外部に存在する水が二〇％です。水の三分の二は細胞の中にあるものです。

水分含量は成人してからも減少し続けます。おもしろいことに、細胞外と細胞内とでは、減り方に違いが見られます。細胞外の水は三〇代以降ほぼ一定で変わらず、減少しません。減るのは細胞内にある水の方です。これは歳とともにどんどんと減り続けていきます。細胞が生命活動の主な場であり、その水が老化とともに減っていくのです。

図2－4に水分含量の変化を示しておきました。図には基礎代謝率も一緒に描き込んでありますが、これも似たような具合に減少していきます。基礎代謝率とは、体がどれだけのエネルギーを使うかですから（第7章）、それが減るとは、エネルギーを使わなくなり活動しなくなるということです。水が少なくなるのと活動度が下がるのは、このような相

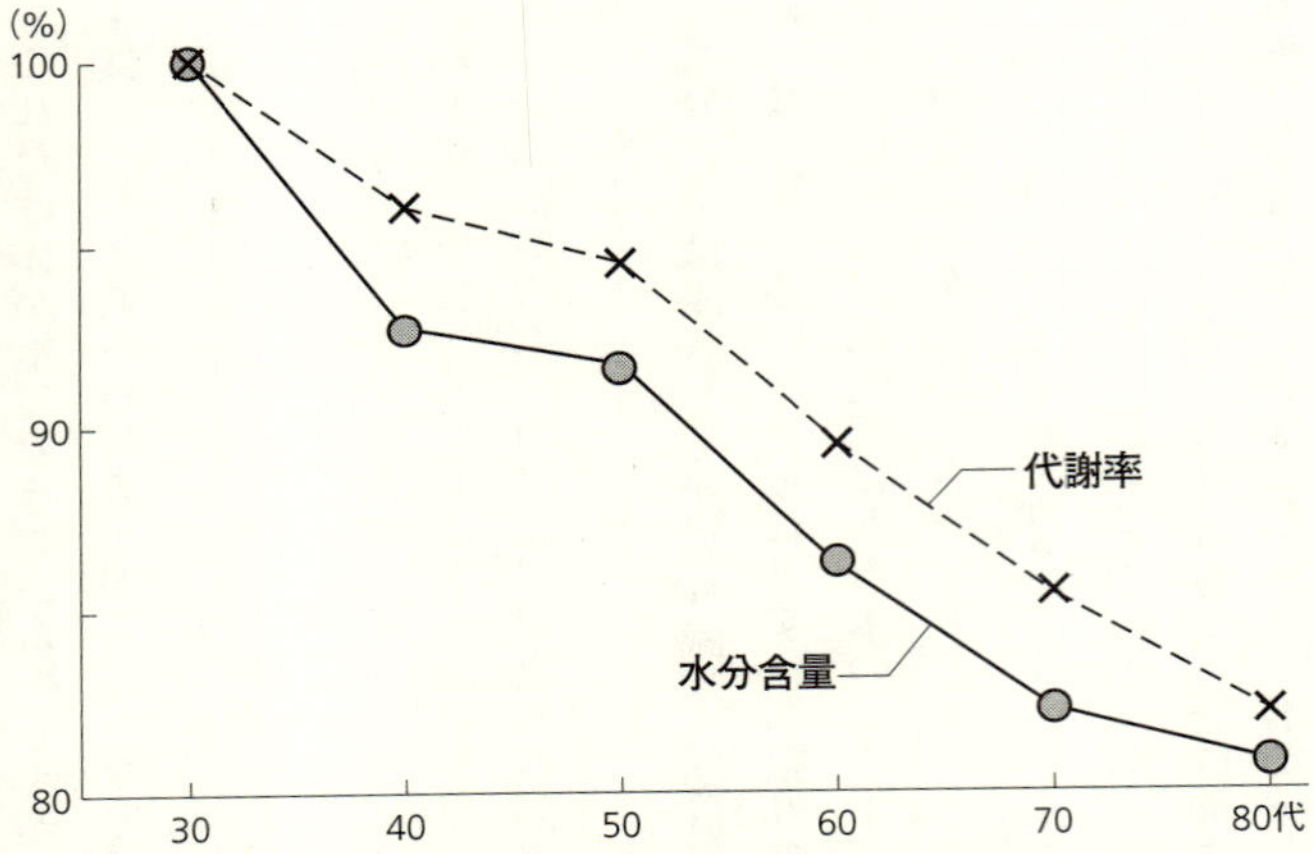

図2-4　ヒトの水分含量と基礎代謝率の年齢による変化。30歳代の値を100%としてある

関係があるのです。

水っぽいということが活発さと関係するというのが本章の主題でした。やはり歳をとるということは枯れてくること、不活発になっていくことなのですね。

第3章　生きものはやわらかい

やわらかくてしなやかなのが生物

前章では生きものは水が主成分、その水がしなやかな膜で包まれたものが生きものだという視点から、生物の発生・進化を見てきました。単細胞生物も二胚葉動物も三胚葉動物も、体の複雑さに大きな違いはあるのですが、みな「膜で包まれた水」という共通点をもっています。生物は基本的には水の詰まった皮袋とみなせるもの、水っぽくてプヨプヨとやわらかなのです。

この「やわらかい」というところが生きものの大きな特徴でしょう。多くの動物は硬い骨をもっていません。ナメクジやタコは軟体動物と呼ばれる仲間ですが、名は体を表しています。タコには口に嚙《か》むための硬い部分があり、この部分の直径より大きい穴ならばすり抜けられるのだそうです。私も飼っていたタコが、本当にせまい隙間を通ってしまうのにびっくりさせられました。体がやわらかくどうにでも変形できてスルッと通り抜けてしまうのです。

ミミズやイソギンチャクのように体の中央に大きな水の詰まった空所をもち、まさに「膜で包まれた水」そのものという動物もいます。イソギンチャクも飼っていたことがあります。体内に水を吸い込んで大きくふくれ上がったり、水を吐き出してぺちゃんこにつぶれたりと、その形と大きさの変わりようには驚かされました。動物はやわらかくしなやかで、形を大きく変えることができるのです。このことは動物に手をふれることにより、じかに感じとることができますね。

今あげた例は、体がそもそもグニャグニャとやわらかく、硬い骨をもっていない動物たちの例ですが、骨をもったものたちの体も、しなやかに変形します。ご自分のことを考えればすぐにわかるでしょう。「柔肌《やわはだ》」と感じるのは、私たちの体も基本的には膜に包まれた水だからです。中心部に硬い骨は存在するのですが、そのまわりには体液や、水を袋に詰め込んだものと言ってよい細胞が満ちており、さらに一番外側は皮膚という伸び縮みする膜で包まれています。だからしっとりと柔肌なのです。

骨自体だって、たんなるゴロンとした塊ではありません。骨は適当な大きさのブロックに分けられており、ブロックとブロックは関節をつくって、そこで屈曲できるようになっています。動物のしなやかさの由来は、膜に包まれた水と、関節構造にあります。

体が硬い殻で覆われた動物も存在しますが、それらにおいても、しなやかさはちゃんと保たれています。代表的なものは節足動物の仲間でしょう。これには昆虫やエビ・カニの仲間が含まれており、動物の中では一番種類の多いものです。節足動物は体の一番外側が硬いクチクラでできた殻ですっぽりと覆われています。この殻が、もし卵の殻のように継ぎ目のない一枚のものでできていたら、しなやかさなどまったくなく、体を変形させることは不可能でしょう。でもダンゴムシを思い起こして下さい。つるつると硬いものですが、いじめれば体を丸めて身を守ります。体を覆っている殻が何枚もの小さい板に分かれており、ちょうど西洋の甲冑《かっちゅう》のように板同士が滑り合うために体を曲げることができるのです。板と板との間は蛇腹《じゃばら》のような関節になっています。板も蛇腹もクチクラ製なのですが、製法を変えることにより、蛇腹はやわらかくしなやかにでき上がっています。

硬いクチクラ同士がやわらかなクチクラで結びつけられて関節構造をつくっているのが節足動物の特徴です。節足という名前の由来は、硬い棒が関節（節）でつながって足ができているところから来ています。こうでなければ脚を曲げることもできません。節足動物においては、しなやかさの主役は関節です。関節で円柱形の硬い棒同士が曲げられるようになっているという点では、私たちの脚とまったく同じデザインをもっています。

植物だってやわらかくしなやかです。ふかふかの草原に寝ころべばやわらかさを実感できますし、硬いと思える木だって、あの風に揺れるポプラの梢《こずえ》を見ると、なんてしなやかに揺れ続けるのだろうと思わずにはいられません。鉄塔であれコンクリート製の電柱であれ、あんなふうに揺れはしません。あれほど大きく変形する前に折れてしまいますし、たとえ変形量がもっと小さくても、鉄塔があんなに繰り返し揺れ続けたら、金属疲労を起こして壊れてしまいます。木は、私たち動物を基準にしたらたしかに動かないものなのですが、それは自分の力で動かないというだけであって、人工物に比べれば、ずっとしなやかにしょっちゅう動いているのです。

人工物は硬くて動かないものです。もちろん自動車のように動力源をもっているものは動きはしますが、それにしても動いているのは車輪だけ。あとの部分は不動の箱です。動物たちの走っている姿に比べれば、車は速いことは速いし、移動距離も大きいとしても、動きはずっと小さいと見ることもできるでしょう。風に揺れている梢と比べたって、車と木とでどっちがより大きく動いているかは、見方によって変わってきます。植物は動かないと、そう簡単に言い切れるものでもありません。「生物はしなやかに動く、人工物は動かない」という言い方は、動物はもちろんのこと、ちょっとこじつけ的ではありますが、植物を含めても成り立つと私は思っています。

それでは木でできた電柱はどうかというと、これはしなやかには揺れません。生きている木がしなやかなのであり、死ねば水気が失われ、しなやかさも失われて硬くなってしまいます。これは草でも同じことです、ドライフラワーは硬くてもろく、不用意に触ればパリンと折れてしまいます。私たちの骨でもそうです。標本として手にする骨はカラカラに乾いていてパリンと割れるのですが、じっさい生きている時には、骨といえども体液に浸されており、骨の中には血管も通っていますし、コラーゲンをはじめとするタンパク質も、かなりの量で含まれています。生きている骨は水っぽくてしなやかで、そう簡単には折れません。だからこそ跳んだりはねたりの複雑で大きな力に耐えることができるのです。

生きているとは水っぽいことです。そして水っぽければやわらかくしなやかで、自分の力で動き回ったり、まわりの風や流れの力を受けて揺れ動きます。死ねば水気が失なわれ、硬く動かなくなります。「生きている＝水っぽい＝やわらかい＝しなやかに動く」という図式が描けるでしょう。

しなやかさの秘密

動物がやわらかくしなやかなのは、体が水の詰まった皮製の袋とみなせるものだからです。硬い骨をもっている場合にも骨同士がよく曲がる紐で結びつけられているからしなやかに変形できるのです。袋の皮と関節の紐とがしなやかさの主役なのですが、皮も紐も結合組織製です。つまり、やわらかさ・しなやかさを与えているのは結合組織。この結合組織とは何者なのでしょうか。

結合組織という名前は、結合に働いている組織という意味でつけられたものです。まず「組織」という言葉から説明しましょう。私たちの体は多くの細胞でできています。細胞にはいろいろな種類がありますが、それらは単独でバラバラに存在するのではありません。似たような細胞が集まって、ある機能をはたすひとまとまりのグループを形成しています。このグループが組織です。動物の組織には四種類のものがあります。上皮《じょうひ》組織、神経組織、筋肉組織、そして結合組織です。上皮組織は細胞がピッタリと並んで体の表面を覆うシートをつくっています。体の外側を覆うシートなら表皮、体の内表面のシートとしては食物を吸収する腸の上皮などがあります。神経組織や筋肉組織については説明がいりませんね。

結合組織はこれらの組織の間に存在して、組織同士をくっつけてバラバラにならないように保つ働きをしています。くっつけておくので「結合」組織なのです。たんにくっつけるだけではなく、よそから力が加わっても他の組織が壊れないように、力を受けとめて形を維持する役目をもはたしています。結合組織は力学的に強いものです。

具体例をあげましょう。われわれの皮膚は上皮組織と結合組織とからできています。表面が上皮組織である表皮、その下に結合組織である真皮《しんぴ》があります。皮膚の強さは真皮が担っています。皮膚の下には筋肉がありますから、真皮という結合組織は上皮組織と筋肉組織とをくっつけていることにもなります。筋肉は筋膜という結合組織の膜で包まれており、全体がばらばらにならないようになっています。筋肉の末端部は腱《けん》とつながっており、筋肉の出す力は腱を介して骨に伝えられますが、この腱は結合組織です。骨と筋肉とを結合しているのが腱なのです。

結合組織には皮膚の真皮をはじめ、関節部で骨と骨とを結合している靱帯《じんたい》や、同じく関節部にあって骨の先端部を覆って骨同士をツルツル滑りやすくしている軟骨、骨と筋肉をつなぐ腱などがあります。これらは典型的な結合組織ですが、結合組織をもっと広い意味でとらえると、血液も結合組織の一員です。他の組織の間を充《み》たし、つないでいるものだからです。

骨は骨組織として別扱いすることもありますが、広い意味ではこれも結合組織の一種です。骨は軟骨にカルシウムが沈着して形成されます。骨と軟骨と靱帯、これらが私たちの骨格系をつくっていますから、骨格系は結合組織でできているものなのです。骨格系は、外から加わってくる力や自分が筋肉を収縮させて出す力で体がグシャッとつぶれないように、体の形を保つ働きをしているシステム、つまり支持系の一種です。骨をもたないミミズやカイチュウのような動物では、結合組織である皮が支持系として働いています。このように結合組織は形を保ち力を支える働きをもち、その結合組織がやわらかくしなやかだからこそ、体がしなやかに動けるのです。老化してくると体が硬くなりますが、これは結合組織のしなやかさが失われるためです。

ここから狭い意味での結合組織である真皮や軟骨、靱帯、腱について、その構造や特性と、体のやわらかさについての関係を見ていくことにしましょう。

結合組織として日頃よく目にするのは軟骨と皮（真皮）でしょう。軟骨はフライドチキンを食べる時、おなじみですね。白くヒカヒカと光っていて、噛めばコリッと音もします。結合組織は一般に白く光って見えますが、皮膚の場合も表面の上皮を剝《は》ぐと下から白い真皮が出てきます。沖縄には皮を使った料理があります。ミミガーという料理で、豚の皮を湯がいてあえものにしたもの。コリコリとした、まさに結合組織の歯ざわりの、ちょっとおつな食べものです。

結合組織では細胞の占める割合が多くありません。他の組織、たとえば上皮組織なら細胞がビッシリ並んでシートをつくっていますし、筋肉組織も筋細胞の塊です。ところが結合組織では、細胞が自分のまわりに分泌したもの（細胞外成分と呼びます）が組織の大部分を占め、細胞そのものは細胞外成分の中に埋もれてしまっています。そしてこの細胞外成分こそが、力を支える機能を担っているのです。細胞外成分は繊維状のコラーゲンとゲル状のプロテオグリカンが主成分で、この二つの絶妙な組み合わせにより、強いけれどもやわらかくしなやかな結合組織の性質が生み出されてきます。

コラーゲン繊維

コラーゲンという言葉は、化粧品の宣伝でよく耳にするものですね。皮膚をつくっているる主要なタンパク質がコラーゲンですから、お肌のお手入れにということで使われているのでしょう。コラーゲンは細長い紐状の繊維の形で結合組織中に存在します。結合組織が白く光って見えるのは、この繊維のためです。哺乳類《ほにゅうるい》の体中のタンパク質の、なんと四分の一~三分の一がコラーゲン。私たちの体で一番多いタンパク質なのです。量から見ても、コラーゲンの重要性と、その存在場所である結合組織の重要性がわかると思います。

コラーゲンの分子は三本の糸がよじれ合って一本のほそ~い棒状になったもので、この分子が多数平行に並んで細長い紐状のものになります。この紐がさらに多数集まって束になり、より太くて長いコラーゲン繊維をつくっています（図3-1）。太いと言っても顕微鏡でなければ見えないもので、直径は数マイクロメートルぐらいです（一マイクロメートルは千分の一ミリ）。

つまり、糸がよじれて細いコラーゲンの分子になり、これが寄り集まって紐をつくり、その紐がまた寄り集まって、さらに太い紐になってできたのがコラーゲン繊維。細い繊維を何段階にも束ねて編んだロープと考えればいいでしょう。細いロープでも重い石を吊り下げられることからわかるように、ロープは太さの割にはとても強いものです。大きな引

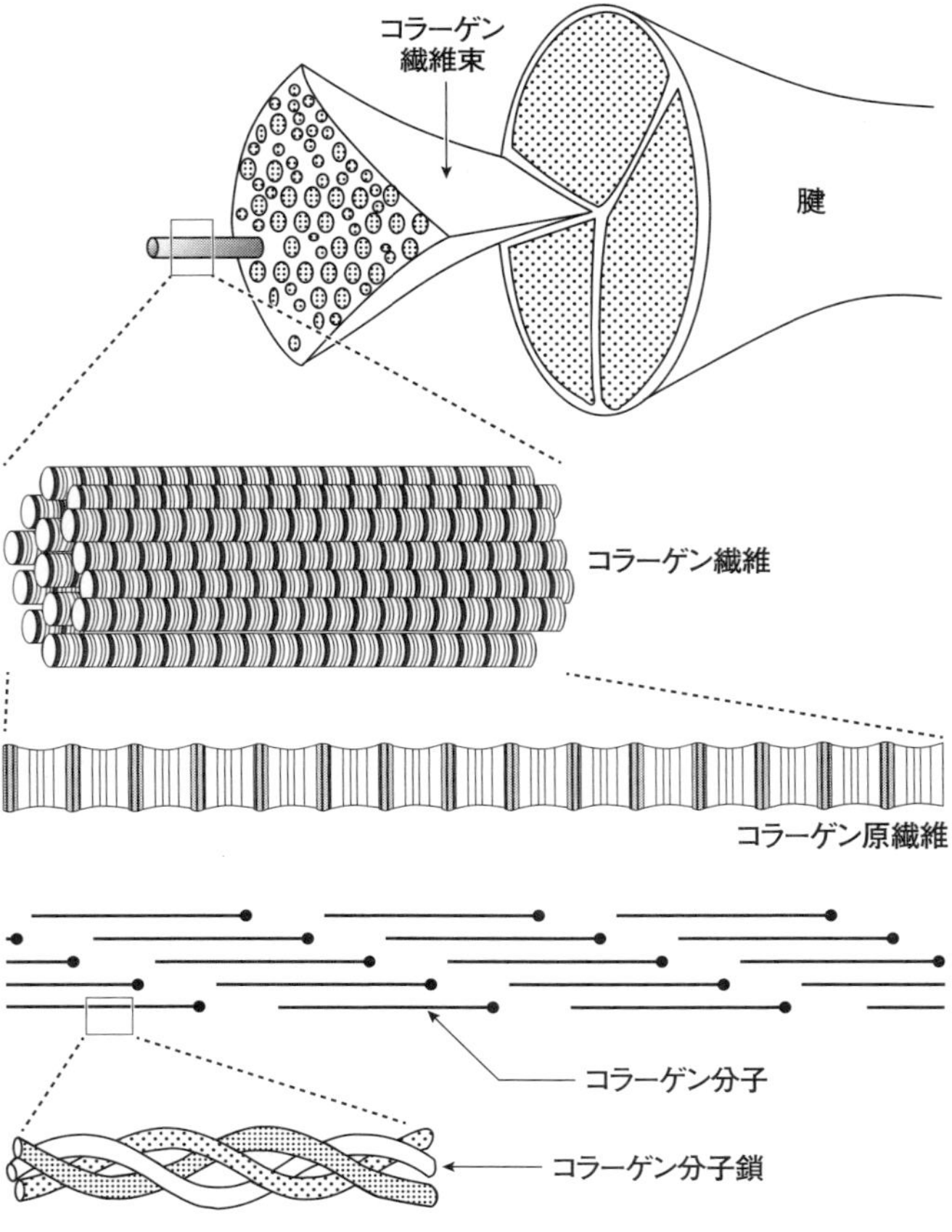

図3-1　コラーゲンの階層構造。3本のコラーゲン分子鎖がよじれて細長いコラーゲン分子となり、それが少しずつずれて寄り集まってコラーゲン原繊維となる（規則正しくずれるため、原繊維には縦縞模様が生じる）。原繊維は集まってコラーゲン繊維をつくり、それが束となり、さらにその束が集まって腱となる。どの段階でも細い紐が寄り集まって太い紐をつくっている

っ張りの力にも耐え、そう簡単には切れません。皮であれアキレス腱であれ、引きちぎるのは困難なほど結合組織は強いものですが、この強さのもとがコラーゲン製のロープなのです。ただしロープというものは押したり横に曲げれば、抵抗することなくヘニャヘニャと曲がってしまいますね。引っ張る方向には強いけれど、他の方向には弱くやわらかなのがロープです。これがロープの限界でもあるし、また、この性質が結合組織のやわらかさ・しなやかさを生み出してもいます。

コラーゲン繊維は煮るとバラバラにほぐれてしまい、お湯に溶け出てきます。それをそのまま冷やしても元の繊維にはならずゼリー状に固まります。肉や魚の煮汁が固まって煮こごりになりますが、あれです。コラーゲンとは、ずいぶん身近なものなのですね。

プロテオグリカンのゲル

結合組織の細胞外成分の主役はコラーゲン、そしてもう一つの主役はプロテオグリカンです。プロテオグリカンとはプロテオ＋グリカン。タンパク質（プロテイン）にグリコサミノグリカンという多糖類が結合したものです。

グリコサミノグリカンは環状の糖がものすごくたくさん直線状につながったもの。糖が多数連なっているので多糖類と呼ばれる高分子です。どのような糖でできているかにより、グリコサミノグリカンにもいろいろな種類があるのですが、共通の特徴は、糖の部分に硫酸基やカルボキシ基など、水中でマイナスに帯電する部分をもっているところです。こんな糖が多数つながったものですから、グリコサミノグリカンの分子は、全長にわたりマイナスの電荷をもつことになります。長い糸状の分子は、ふつうはからまって糸まりみたいにまるまってしまうのですが、グリコサミノグリカンではマイナスの電荷同士が反発し合い、水の中でなが〜く伸び広がります。

この長いグリコサミノグリカンの分子は、互いにバラバラで存在するのではなく、タンパク質のまわりに集まってひとまとまりの構造をつくります。一本の棒状のタンパク質を芯にして、そこから放射状にグリコサミノグリカンの分子が伸びたものです。哺乳ビンを洗うブラシをイメージして下さい。ブラシの中心の針金部分がタンパク質、そこから出ている毛がグリコサミノグリカン。こんなブラシ形のものが、さらにヒアルロン酸という細長い分子にブラシの柄の部分で結合して一つの大きな単位をつくっています（図3−2）。

この単位はひじょうに細長いものですから、単位同士はお互いにからみ合ってフェルト状の網目構造になります。そしてグリコサミノグリカン分子のもっているたくさんのマイナスの電荷が水を引きつけ、大量の水を吸って網目はふくれあがります。このように細長い高分子が三次元の網目構造をつくり、それが高分子を溶かしている溶媒を吸ってふくれ

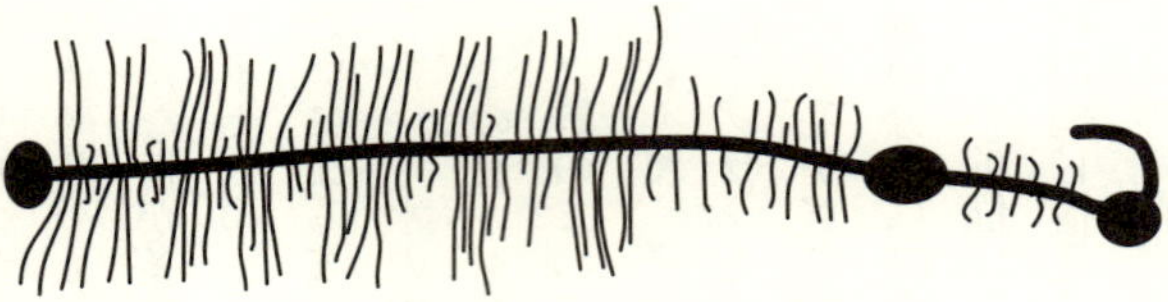

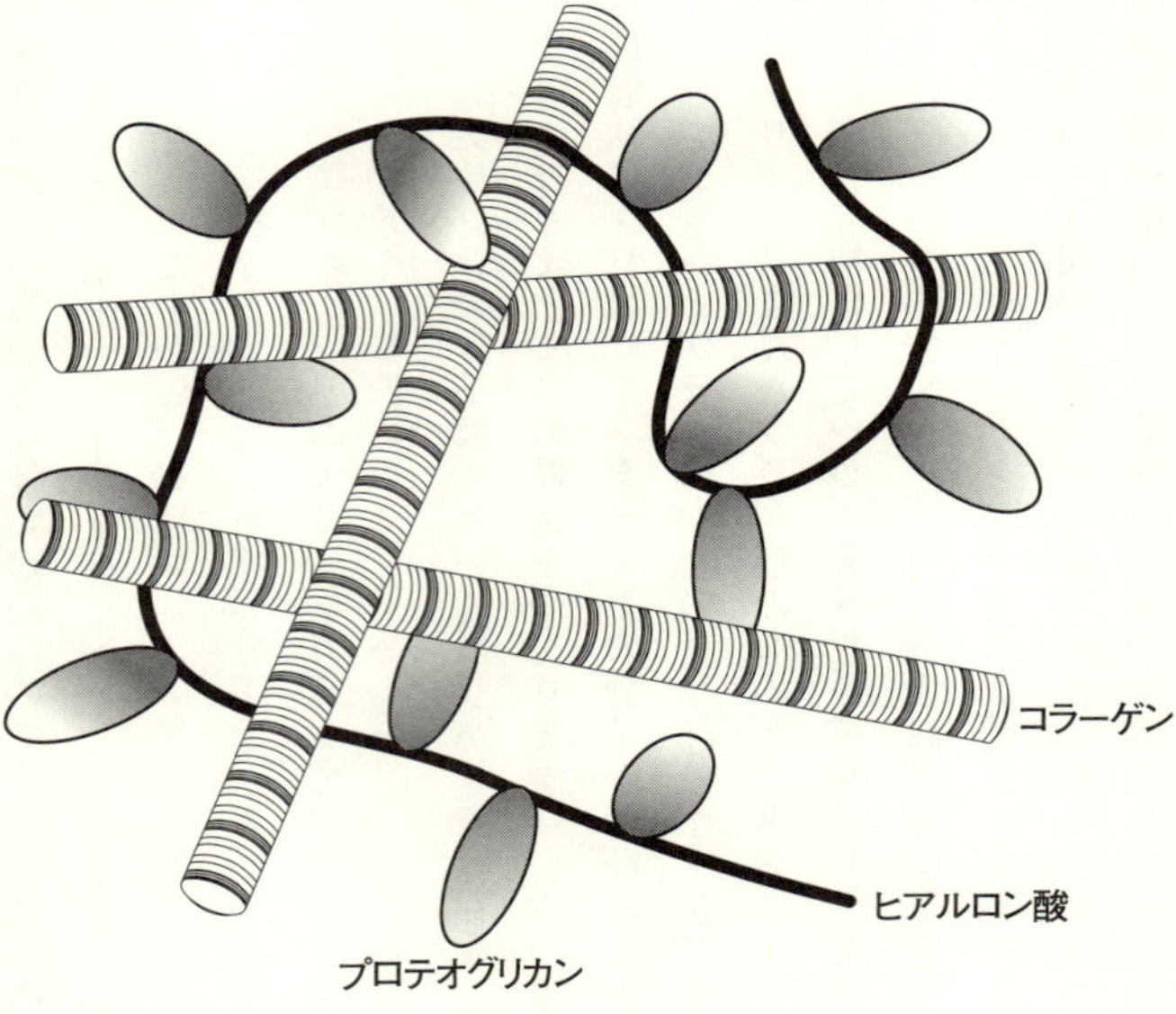

図3-2　プロテオグリカンの分子はブラシ形をしている(上)。細いヒゲのように見えるのがグリコサミノグリカン。下の図ではプロテオグリカンを楕円形の風船のように模式的に描いてあるが、「風船」はヒアルロン酸の「糸」に結びついており、その鈴なりの風船の列の間にコラーゲンが存在し、こうして結合組織の基質ができあがっている

あがったものをゲルと呼びます。溶媒が水ならばハイドロゲル（水性ゲル）です。ハイドロとは水の意味。結合組織はプロテオグリカンのハイドロゲルなのです。

ハイドロゲルは私たちのまわりにたくさん見られます。寒天、ゼラチン、こんにゃく、豆腐など。また、紙おむつや生理用品にもゲルが使われているので、ゲルが水を多量に吸い込んで、その水を離さず保つのは、おなじみのことですね。

ビン洗いブラシのようなプロテオグリカンは、マイナスの電荷のまわりに多量の水を引きつけます。そしてその水は、簡単には流れていくことはできません。ですから膜に包み込まれたのと同じように、水は動きにくい状況になるわけで、ひとかたまりのまとまった水塊、あたかも水の詰まった風船のようなものと考えることができるでしょう。ビン洗いブラシが真ん中に入った水の詰まったゴム風船が一つのプロテオグリカン。そしてこれがヒアルロン酸の長い糸に、ちょうど鈴なりになった風船のように、糸の全長にわたって結びついています。こんな長い風船の列が多数、お互いにからまりながら三次元的な網目をつくっています。だから全体としてみれば、水の詰まった風船で結合組織全体が埋め尽くされていると考えてもいいでしょう。この風船の海の中にコラーゲン繊維や細胞が、ところどころに浮かんでいるわけです。

こんな風船の塊を押せば、プヨンプヨンとはね返ります。押されれば水は流れていこうとしますが、グリコサミノグリカンのマイナスの電荷に引きとめられますから、水は流されることに抵抗します。また、押されればグリコサミノグリカン分子同士は近づきますが、そうするとマイナスの電荷同士が反発しますから、ここでも押し戻す力が生じます。ただし風船と違い、水は膜にきっちりと包まれているわけではないため、強く押し続ければ水は流れ去っていきます。むやみやたらに抵抗するばかりではないからこそ、押した感じがやわらかなのです。

こんなふうに、水を吸ってふくらんだプロテオグリカンのゲルは、押す力に抵抗します。寒天であれ使用済みの紙おむつであれ、ゲルは指でつつくとプルンとはねますね。押せばやわらかくはね返ります。逆に、ゲルを引っ張ったら、ボソッとちぎれます。プロテオグリカンの分子はコラーゲンと違い、まとまって太い繊維になってはいませんから、引っ張りの力には弱いのです。

複合材料——組み合わせの妙を生かす

今までのことを復習しましょう。結合組織の細胞外成分はプロテオグリカンのゲルの中にコラーゲン繊維が埋まった構造をしています。結合組織の主要な役割は、力に対して抵抗することです。力には引き伸ばそうとする力（張力）と、押しつぶそうとする力（圧縮力）とがありますが、引っ張りに抵抗するのがコラーゲン繊維、圧縮力に抵抗するのがプロテオグリカンのゲルです。このように二種類の性質の違った材料を組み合わせることにより、結合組織は張力にも圧縮力にも耐える構造になっているのです。一種類の材料でつくるよりも、違うものを組み合わせた方が、より良いものをつくれる場合があり、このような組み合わせの妙を生かした材料を複合材料と呼びます。生物の体をつくっている材料の多くは複合材料です。

細胞外成分の主役はコラーゲンとプロテオグリカンだと申してきました。しかし、もう一つの主役があったのです。水です。大量の水がプロテオグリカンに引きつけられることにより、ごく少量のプロテオグリカンでも大きな空間を占める構造物ができあがっています。じつは量から言えば、水が一番の主役なのです。水はそのままなら流れていってしまいますが、それを膜で包み込まなくても、まわりに引きつけるという方法で、結合組織は水を逃げなくしています。こんな形でも「みずみずしさ」を保つことができるのです。むりやり包み込んでいるわけではないので、水はある程度は流れることができ、だから全体はしなやかに変形できます。ここにおいて、水っぽいということと、やわらかくしなやかだということが結びついてきました。

一次元・二次元・三次元の結合組織

プロテオグリカンのゲルは、いってみればぐずぐずのものですから、最終的に大きな力を支えるのはコラーゲン繊維です。この繊維が多数集まって結合組織ができ上がっています。さて繊維とは細長いものですから、方向性があります。繊維の配列のしかたにより、結合組織の性質に大きな違いがでてくるのです。

ここでコラーゲンと限らず、一般に繊維でできた構造物について考えてみましょう。繊維を同じ向きにそろえて束にすれば紐になります。また、縦向きの繊維と横向きの繊維を織り合わせれば布ができます。紐は線状ですから一次元の構造物、布は平たい面状のものですから二次元の構造物と呼べるでしょう。

では繊維を使って三次元のものをつくれるでしょうか？　繊維は圧縮の力には抵抗しませんから、自分の重みでペシャッとつぶれ、布を織るようにしては厚い三次元の構造物をつくることはできません。フェルトのようにいろんな方向の繊維をからませてつくる、少々厚みのある布ぐらいが限度でしょう。

繊維だけで三次元の構造物をつくるのは困難なのですが、繊維の網目の間にゲルや樹脂を挿入して、網目がつぶれないようにふくらましてやれば、それが可能になります。コラーゲンの繊維だけでは三次元的に厚味のある構造物はつくれません。プロテオグリカンのゲルが必要不可欠なのです。ただし一次元の結合組織や二次元の結合組織にはプロテオグリカンがないのかというと、そうではなく、これらにおいてもプロテオグリカンのゲルは、コラーゲン同士がバラバラにならないように繊維と繊維とを貼り合わせる糊《のり》の役目をはたしています。

一次元の結合組織――腱

一次元、二次元、三次元の結合組織の具体例を見ていくことにしましょう。

一次元の結合組織の代表は腱。腱はコラーゲン繊維が一方向にそろって紐状になっています。腱とは筋肉と骨とをつないでいる紐で、筋肉の出す力を骨に伝える役割があります。筋肉は縮んで腱を引っ張ります。腱には一方向の引っ張りの力しか加わりませんから、腱が紐状をしているのは働きに適した構造と言えます。腱に関しては第5章で、さらに考えてみるつもりです。

二次元の結合組織――皮膚

皮膚はコラーゲン繊維が編み合わさってできた二次元のシートとみなせるものです。ラムのコートやシープのベストなどと言って、私たちは獣皮で衣服をつくりますが、皮も布と同じで縦方向の繊維と横方向の繊維とが交叉してできたシートですから、やはり衣服として使用できるのです。

シートというものは引っ張られれば抵抗しますが、押されたらシワシワとなるし、面と垂直な方向から力が加われば、ヘニャッと曲がってしまい、力に抵抗できません。紐との違いは、紐は一方向の引っ張りにだけ抵抗するのに対し、シートは平面内ならどの方向に引っ張られても抵抗できるところです。

衣服がしなやかに曲がらなければ運動もままならないのは、きちきちの服を身につけてみればわかりますね。私たちは皮膚というピッタリした「衣服」を身につけているのですが、それでもしなやかに運動できるのは、皮膚がしなやかに曲がるおかげです。

皮膚はシートなのですから、曲がって当然、と思われるかもしれません。それならきちきちの服だってシートのはずです。違いは皮膚が布よりもずっと伸び縮みするところにあります。

皮膚がよく伸びるのは、実験すればすぐにわかります。やってみましょう。お腹の皮をつまんで引っ張ってみます。はじめはスッと伸びますが、引っ張るにつれて伸びにくくなり、最後は相当に力を入れても、いたいばっかりで伸びなくなります。

こうなるのは、繊維が斜めに交叉するように配列して皮膚というシートができているからです。シートが引っ張られて伸びるにともない、最初は斜めに交叉していた繊維が、引っ張られた方向にそろっていくのです（図3−3）。

ミカンなどが入って売られている網の袋が手元にあれば、それを引っ張ってみると目に見えて感じがつかみやすいでしょう。袋は引っ張られると、ちょうど電車のパンタグラフが折りたたまれるように網目がへしゃげて、全体として長さは長くなり、最終的には繊維がみな、引っ張った方向にそろってしまいます。こうなれば紐と同じです。引っ張りの力は直接紐にかかり、紐は引っ張りに強く抵抗するので簡単には伸びません。最初に伸びやすかったのは、繊維が直接引き伸ばされてはおらず、繊維が回転して移動しているだけだったからです。皮膚の場合には、繊維が回転すれば網の目の中にあるプロテオグリカンのゲルを押しつぶしますので少しは抵抗があるのですが、繊維が直接引っ張られるのに比べれば、小さいものです。

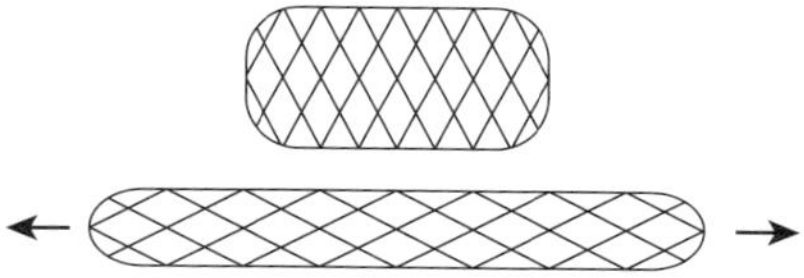
図3-3　網目の袋を引き伸ばすと、繊維の交叉する角度が変わる

実際にネコの皮膚を引っ張った結果が図3−4です。図の横軸は引き伸ばした量で、縦軸はその長さまで引っ張るのに必要な力です。引き伸ばしはじめは、ほとんど力がいりません。曲線は横

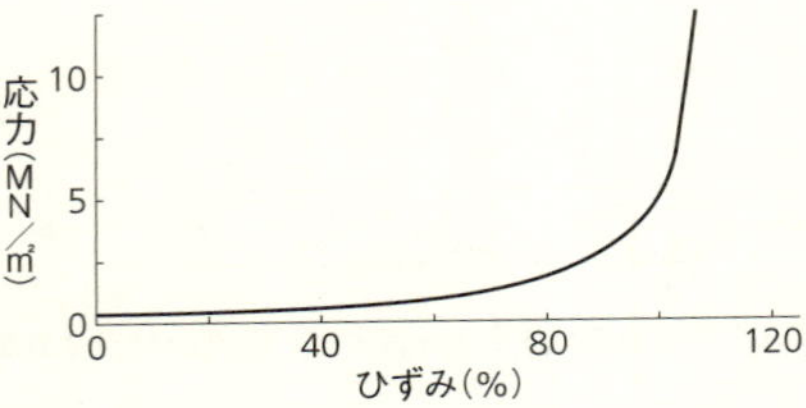

図3-4　ネコの皮膚の「応力ーひずみ曲線」

に寝ています。ある程度までは力を入れずに引き伸ばせるのです。ずいぶん引き伸ばしてから、曲線は急に立ち上がり、さらにほんの少しでも引き伸ばすのにも、格段に大きな力が必要になってきます。この曲線の形はアルファベットのJに似ているのでJカーブと呼ばれています。これは皮膚のようなやわらかい生物材料に特徴的な形です。

応力・ひずみ・弾性率

図3－4を材料力学の用語で説明しておきましょう。このようなグラフを「応力－ひずみ曲線」と呼びます。グラフの横軸は引き伸ばした量ですが、それを最初の長さの何%伸ばしたかの「ひずみ」で表してあります。ひずみを用いるのには意味があります。同じ一ミリだけ引っ張っても、一メートルの棒を一ミリ伸ばすのと、一ミリしかない短い棒をさらに一ミリ伸ばすのでは、状況が大きく異なりますね。元が長ければ全体としてはほとんど変形していないのに対して、他方は倍の長さにまで引き伸ばすのですから、変形の度合いがまったく違うのです。そこで、最初の長さの何パーセント変形させたかというふうに、変形量

を最初の長さの割合（「ひずみ」）で表すと、比較が可能になります。図の横軸がひずみです。

図の縦軸は引き伸ばすのに必要な力です。これは「応力」で示してあります。皮膚にかかる単位断面積あたりの力です。単純に「力」にせずに、応力を使うのにも理由がありますね。同じ材料でできた棒でも太ければ太いほど、引っ張るのにたくさんの力が必要になりますね。だから、力を太さ（断面積）で割ってやって、単位面積あたりの力にすると比較が可能になるのです。応力とひずみ、この二つが、力が加わった時、物がどのくらい変形するかという、材料の力学的性質を調べる上で、もっとも基本になる量です。

応力－ひずみ曲線を描くには、引っ張り試験機を使います。調べる試料の両端をつかんで引き伸ばす機械です。引っ張った長さと力とを記録できます。大型の引っ張り試験機には、コンクリートや鉄を何トンという力で引っ張れるものがありますし、細い絹糸一本を引っ張るごく小型のものも市販されています。私はナマコの皮膚の引っ張り試験を行いましたが、ナマコ用の試験機などもちろん売っていません。自分で機械をつくりました。

工業材料の場合にはどんな応力－ひずみ曲線になるかを、鉄の例で見てみましょう（図3－5）。曲線の形は皮膚とはまったく違いますね。Jの字ではなく逆さJ、正反対です。鉄では引っ張りはじめから大きな力が必要です。急勾配の直線になって立ち上がってい

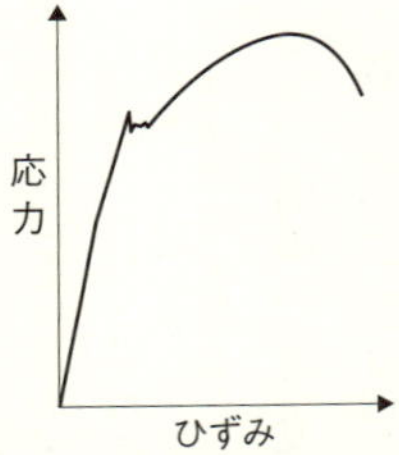

図3-5　鉄（軟鋼）の「応力－ひずみ曲線」の模式図

ます。直線ですから、引っ張った量に比例して大きな力が必要になることがわかります。ある程度引っ張ると、それより先は直線にならずにカーブが寝てきて、さらに引っ張ると、それまでよりは少ない力でズルズル伸びるようになり、しまいには切れてしまいます。伸びやすくなるまで鉄を引っ張ってしまうと、長さを元に押し戻してやっても、鉄は弱くなってしまい、もう使いものにならなくなります。私たちが鉄製品を使うのは、応力－ひずみ曲線が直線になっている範囲内です。この範囲なら、引っ張るのをやめれば、プルンとはねてバネのように元の長さに戻ります。

　応力－ひずみ曲線の直線部の傾きが「弾性率」です。傾きですから、ひずみを増やすとどれだけ応力が増えるか、つまり「応力÷ひずみ＝弾性率」となります。弾性率はバネの硬さに対応します。弾性率が小さいやわらかいバネならば、小さな力で引き伸ばせます。弾性率の大きい硬いバネは力をいれないと引き伸ばせません。弾性率は硬さの指標です。鉄の応力－ひずみ曲線は、はじめの部分の傾きは大きく、鉄は弾性率の大きい硬い材料です。一方、皮膚では傾きは非常に小さいので、弾性率は小さくてやわらかいことがわかります。また、ひずみについて見れば、鉄の場合は直線を示す部分は一％以下のひずみであり、その範囲内で使用するのですが、皮膚ではひずみ一〇〇%、つまり最初の長さの倍ほどにまで変形しても大丈夫です。「人工物は硬くて変形しない（＝動かない）、生物はやわらかくしなやかで動く」という、本章の冒頭で述べたことが、応力－ひずみ曲線という、より具体的な形で示されたことになりました。

結合組織は強い

皮膚はやわらかいにもかかわらず、非常に強いものです。そう簡単には壊れません。なぜ皮膚が壊れにくいかには、皮膚が繊維からできていることと、その応力－ひずみ曲線がJカーブを示すことが関係しています。

繊維だと強いという点から見ていきましょう。二次元のシートを引き裂く場合を考えてみます。お菓子の袋を開ける時に経験することですが、ただやみくもに引っ張っても、そう簡単には裂けません。ところがちょっと切れ目をいれてやると、わずかな力で裂け目（亀裂）が広がって、ピリピリと二枚に分かれてしまいます。プラスチックの板でも薄いアルミホイルでも、いったん亀裂が入ったら、ごく小さな力で亀裂は伸びていき破壊が起こります。ポテトチップや煎餅《せんべい》の袋に三角の切れ目が入れてあるのは、あらかじめ亀裂をいれておき、開けやすくするためです。

ところが繊維を織ってできた布は、たとえ切れ目をいれても、裂くことがむずかしいものです。とぎれ目のない一様な材料の場合は、亀裂は簡単に伝わっていきますが、繊維でできているものは、一本一本の繊維は独立ですので、亀裂は伝わりません。隣の繊維が切れても、それが伝わることはないのです。

これは一次元の紐の場合も同じです。一本の太い糸と、細い糸を撚《よ》って束にした紐とを比べると、同じ太さでも束にしたものの方が切れにくいのです。一本であろうと撚り糸であろうと太さが同じなら同じ大きさの力を支えることができ、その点で優劣はないのですが、強さということになると、束にした方がずっと優れています。一本の太い糸は、ちょっとした傷がもとでいったん亀裂が入ってしまうと、それが伝わっていき切れてお終いになってしまうのに対し、束にしたものは、傷ついた細い一本が切れるだけです。だから細い糸を撚り合わせた紐の方が切れにくく強くなるのです。

コラーゲン繊維は、コラーゲン分子から始まり、細い糸がつぎつぎと束になって繊維としてできあがったものです。これがさらに束になって腱となったり、繊維が織り合わさって皮膚となったりしています。だからこそ皮膚は強いのです。「壊れにくくするには、連続した一塊のものにせずに、細かく分ける」というのが良いやり方です。

皮膚が壊れにくいことには、応力－ひずみ曲線がJカーブを示すことも関係しています。力が加わると、最初はほとんど抵抗せずに大きく皮膚が変形するからJカーブになるのですが、このように大きく変形すれば、押す力であれ引くものであれ、かかってきた外力をスルッとすり抜けさせることができます。いなすのです。柳に風。無理して抵抗などせずにいなす、これが生物のやり方です。だから生物のやわらかさは、じつは強さにもつながっているのです。外力を直接受けとめて抵抗するよりも、ずっと賢い強さだとも言えるでしょう。ところが人工物の世界では、強くて壊れにくいとは、より硬くてより変形しにくいことと相場が決まっています。壊れにくくしようとすればするほど、ガチガチに硬くするのが人工物。生きものとは、やり方が正反対です。

このやわらかくて大きく変形するという性質が、Jカーブの J の字の下の横の部分の長さに反映されています。もちろんこれだけ大きく変形してもいなすことのできない場合もあるでしょう。小さな力でズルズルと引きちぎられてしまっては困りますので、そこである程度以上変形したら、今度は大きな力でなければ伸びないように皮膚はできています。これがJの字の縦の棒の部分です。

物が壊れるのは、引っ張られる時に注ぎ込まれるエネルギーによって、物体を構成している分子同士の結合が切れてしまうからです。注ぎ込まれるエネルギー量は、「エネルギー＝応力×ひずみ」ですから、一定のエネルギーまでは耐えて壊れないようにするには、大きな応力でも壊れなくするやり方と、大きなひずみにも壊れなくするやり方との、二つの方法があります。人工物では応力を大きくするやり方を採用しています。一方、生物はひずみを大きくして変形することにより、壊れにくくしています。大きく変形した方がかかる力は小さくなりますし、衝突のエネルギーを体中に広く分散することができます。

生きものは変形して壊れにくくしているのですが、これは体をつくっている材料がそうだというだけではありません。個体の行動にも見られる特徴です。私たちが高いところから飛び降りる際、足を突っ張ったまま着地したりはしませんね。足が地面に着くと同時に、足のみならず体の関節もフワッと曲げて着地します。体全体を変形させて衝撃のエネルギーを分散させているのです。関節があってやわらかくしなやかだということも、壊れにくく強いということにつながっています。

そこで次に、この関節について見てみることにしましょう。ここには典型的な三次元の結合組織である軟骨があります。

三次元の結合組織——軟骨

もし私たちの骨格系がひと続きの硬い骨でできていたら、まったく身動きはできません。硬い骨がとぎれており、骨同士がしなやかな結合組織で結びつけられているからこそ、しなやかに体を曲げられるのです。骨と骨とのとぎれ目であり、そこで骨同士を結びつけている構造が関節。関節こそがしなやかな運動を保証しているものです。

骨同士が滑らかに動けるように、関節には工夫がほどこされています(図3－6)。

①軟骨。これは典型的な三次元の結合組織で、プロテオグリカンのゲルの塊の中に、立体的な網目状に配列したコラーゲン繊維が埋まった構造をしています。軟骨は滑りやすく、またクッションとしても働きます。

②関節液。これは潤滑剤です。関節液は含水量がものすごく多いため液体のように見えますが、これはヒアルロン酸のゲルですので、やはり結合組織の一種で、関節部はこれで浸されています。関節液の潤滑効果はものすごく、スケートで氷の上を滑るより三倍も滑りやすいということです。

③脱臼防止用の靭帯。関節部に大きな圧縮の力が加わった時は、軟骨がクッションとして働き関節を守ります。逆に引っ張りの力が加わった時は、関節部を包むように

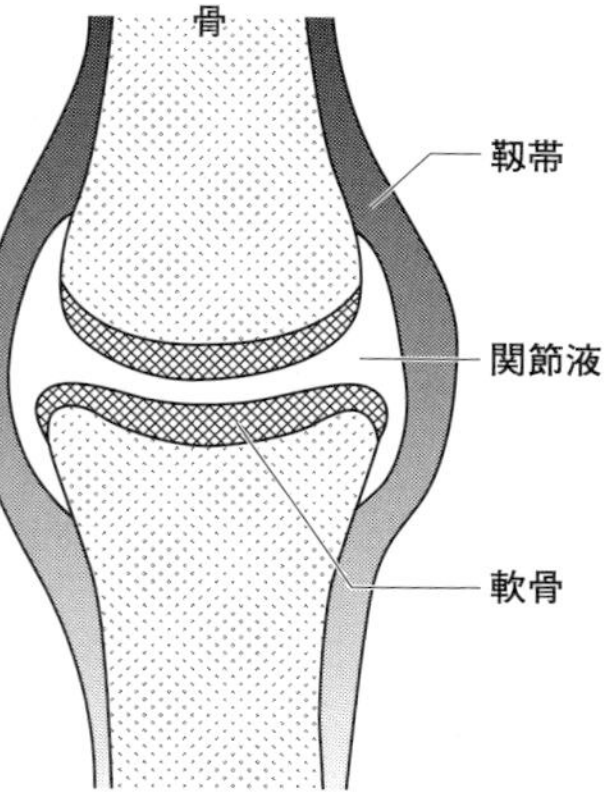

図3-6　脊椎動物の関節

骨と骨とをつないでいる靱帯がこの力を引き受けます。靱帯は骨と骨とを結んでいる紐状や膜状のものですので、曲がるという普段の関節の運動をじゃますることなく、引っ張られた際に関節がバラバラに引き離されないようにしています。

動物らしからぬ動物――ナマコ

三次元の結合組織の例として、ナマコの体壁についてもお話ししましょう。これは私が研究対象として、かれこれ四〇年ほど付き合ってきたものです。とてもおもしろい性質を示しますので、ここで紹介させて下さい。

私がナマコの研究を本格的に始めたのは、沖縄です。瀬底《せそこ》島にある琉球大学の臨海実験所（海の生物の教育・研究をする施設で、たいてい島や半島の突端にある）で、ナマコを相手に暮らしていました。

ナマコといえば酒の肴《さかな》としてお馴染みですね。太めのフランクフルト・ソーセージみたいな円柱形の動物です。酢醬油で食べるとコリコリとおつなものです。食べるのはマナマコという種類ですが、沖縄にはこのナマコはいません。でも、他の種類のナマコがいろいろといます。

はじめて瀬底島の海岸に立った時には、ほんとうにびっくりしました。ちょうど潮がよく引いていて海岸が広く顔を出していたのですが、足の踏み場のないほど一面にナマコがゴロゴロしているのです。引き潮に取り残されて水から出てしまい、ほとんど干上がっているものもいます。指でつつくと、体をジワーッと縮めるだけで、逃げていくわけでもありません。

ナマコの数に圧倒されるとともに、なんか変だな、という気がしました。だって、ふつう動物は近づけば逃げます。それが逃げもせずに、ただゴロッと転がっていて、触ってもあばれもしません。こんなに動かない動物など、さっぱり動物らしくないのです。

動物にも、速く動くものもいれば遅いのもいます。速いものは、近づけばサッと逃げ去りますし、遅いものは捕食者に見つからないように隠れている、これがふつうの動物のありようです。

もちろんサンゴのようにじっと動かない動物もないわけではありません。サンゴは日光を必要としますから、日当たりの良い（つまり物陰ではないので捕食者の目につきやすい）海底に固着してじっとしています。こんなことができるのも、サンゴが要塞のような石造りの家をつくってその中に住んでいるからです。

ナマコは無脊椎動物としては、かなり大形のものです。ナマコほどもあるミミズやイモムシがいたら、それこそ巨大ミミズ・お化けイモムシです。こんなに大きいということは目につきやすいということです。

目につくものが目につく所にゴロッとしている、これがナマコです。石の家のような良い防御ももたずに、ただゴロッとしていたら、たちまち他の動物に食べられてしまいそうなものでしょう。でも、そうでないことはナマコの数の多さが証明しています。数が多いとは、繁栄し成功しているということです。なんで動物としては常識はずれな変な奴が、こんなにも成功しているんだ⁉　どうにも気になります。

ドロドロに融ける皮

この謎を解く鍵がナマコの皮にありました。

ナマコを輪切りにしてみると、ちょうど竹輪《ちくわ》を切ったようです。竹輪の身の部分が厚い白くヒカヒカ光る体壁。それに囲まれて、真ん中に水の詰まった空所（体腔）があります（図3－7）。体腔には水が詰まっていて、その水に腸や生殖巣が浮いています。ずいぶんと簡単な体のつくりです。

ナマコで一番大きな体積を占めているのは体壁です。その体壁のほとんどの部分が白く光っている結合組織層で占められています。このぶ厚い部分が私たちの皮膚の真皮に対応します。皮膚は薄いシートだと考え、二次元の結合組織の例として先に取り上げました

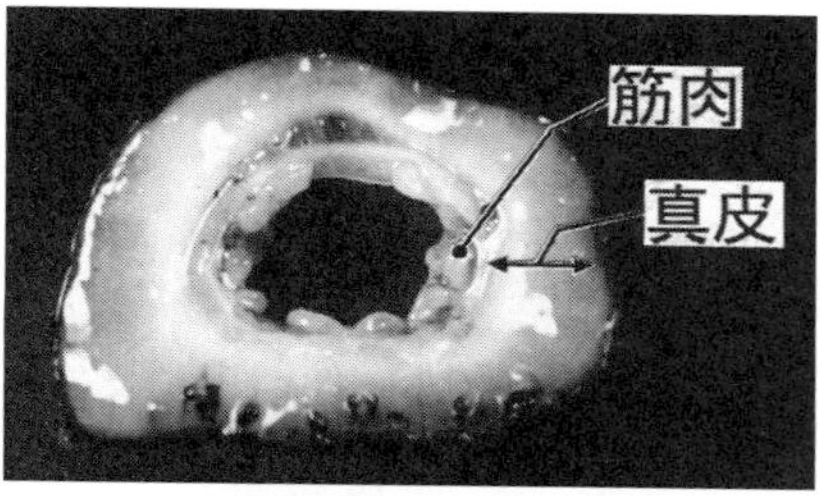

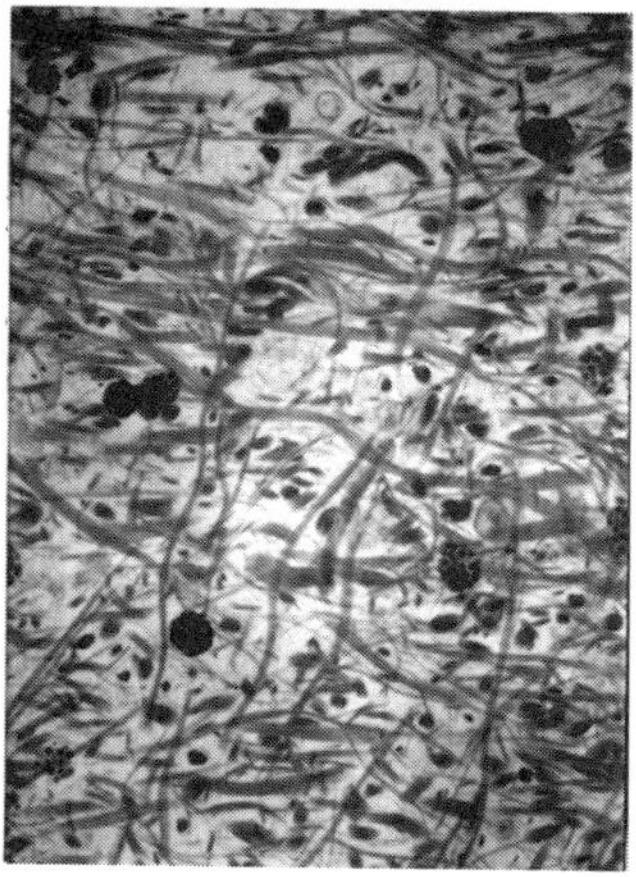

図3-7　ナマコ（シカクナマコ）の輪切り（上）。ナマコは分厚い体壁をもっている。体壁の白く見える部分が結合組織（真皮）。中央の抜けたように見える部分が体腔。下は真皮の顕微鏡写真。網目状に走っている繊維がコラーゲン繊維

が、ナマコの真皮はこれほど厚いものなので、三次元の結合組織の良い例となるでしょう。

体壁の一番内側、竹輪の穴にへばりつくように薄っぺらな筋肉層があります。結合組織の厚さに比べ、筋肉層の薄さに驚かされます。私たち哺乳類の場合は、体の半分以上は筋肉でできていますが、ナマコは皮（結合組織）ばっかりで筋肉などごくわずかです。この筋肉の少なさを見れば、ナマコがすばやく動くことなどできないだろうな、と納得してしまいます。

ナマコと遊んでみましょう。沖縄の海岸にたくさんいるシカクナマコを手にとってみます。つかむとナマコは体を硬くします。皮がゴリッと硬くなっていくのが手触りでわかります。次に硬くなったナマコを、両手で強く揉《も》んでみましょう。最初はものすごく硬いのですが一分ほど揉んでいると、突然、ナマコの皮がやわらかくなり、融けてとろろ汁みたいにドロドロになって流れ落ち始めます（図3−8）。

融けたナマコは死んでしまったと思うと、じつはそうではありません。融けたものを水槽にいれて一〇日もすると、ちゃんと元通りに「生き返り」ます。

ナマコの護身術

皮が硬くなる役目は明白でしょう。身を守る意味があります。体が硬ければ安全です。

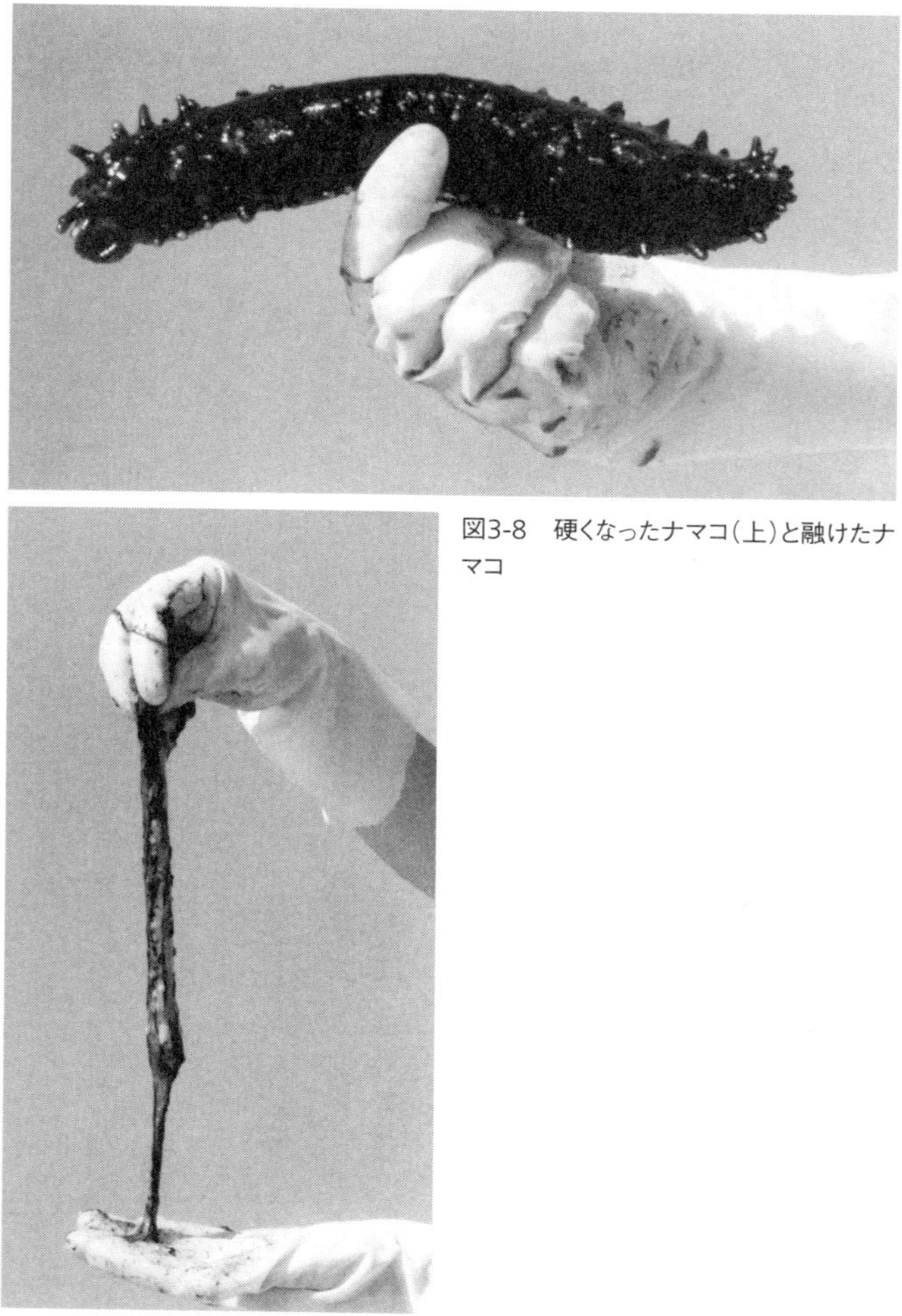

図3-8　硬くなったナマコ（上）と融けたナマコ

でもいつも硬いだけでは不都合もあるのです。シカクナマコは、昼間は砂の上にいて砂を食べながらゆっくりと移動していますが、日が落ちると、サンゴの岩の中に隠れてしまいます。海が荒れた日には、昼間でも岩の中から出てきません。ナマコが岩の中に入る時には、体の太さに比べれば、よくもこんな所を通れるものだとびっくりするほどの狭い岩の割れ目を、体を細く変形させて通り抜けます。体が硬いままなら、とてもできないことです。ナマコは割れ目の入り口を通り過ぎたら、中でまた硬くなれば、もう体は変形せず、そのままでは細い入口は抜けられません。どんなに外で嵐が吹き荒れようと、岩の中から洗い出されて流される心配はなくなるでしょう。

ドロドロに融ける反応は、皮がやわらかくなる反応の極端な場合ですが、これにも意味があります。ナマコは魚に噛みつかれると、そこの部分を融かして皮に穴をあけ、穴から腸を吐き出します。ナマコの腸は「このわた」（塩辛）の原料ですから、魚は喜んでそれを食べますが、食べている間にナマコ本体は逃げていきます。数週間もすると、腸はまた再生します。ナマコはこのように、皮を硬くして身を守り、それでも守りきれないような相手には、逆に皮をやわらかくして体の一部を切り放して生きのびます。

ナマコの最大の敵はウズラガイのような大形の巻貝です。ウズラガイは海底をゆっくりと這《は》い、ナマコにぶつかると、外套膜《がいとうまく》を伸ばしてナマコを包み込み、丸呑《の》みにします。しかしナマコもそうやすやすとは食われません。皮の一番外側の層を硬くし、そのすぐ下（内側）の皮の、硬くした層に接している部分だけをものすごくやわらかくします。そして体をぎゅっと縮めます。すると外側の皮は硬くて変形せず、それより下の皮は筋肉に引っ張られて縮むから、ものすごくやわらかくした部分から下がはがれて、すぽっと抜け出てしまいます。ウズラガイの「手元」に残るのは、外の硬くて薄い筒状の皮の部分だけ。抜け出たナマコは逃げて行きます。これは暴漢に襲われて上着をつかまれたとき、上着を脱ぎ捨てて逃げるのと同じことです。

　この、皮がものすごくやわらかくなる反応は、ナマコが自分で体を二つに切って二匹にふえる無性生殖をするときにも見られます。ナマコは体の真ん中の皮をやわらかくして、体の前後がそれぞれ反対方向に歩いて行きます。すると真ん中はちょうどチューインガムをのばすように細くなっていき、二匹に分かれます。一、二か月で、前は後ろを、後ろは前を再生し、完全な二匹のナマコになります。

　ナマコは身を守るのに、皮の硬さを変える以外の方策も用意しています。毒です。ナマコの体にはサポニンが含まれていますが、これが魚に対して毒として働きます。だからナマコを食う魚は多くはありません。それでもやはり、蓼《たで》食う虫も好きずきで、サメをはじめ、ナマコを食べる魚もいないことはありません。また、サポニンは貝には毒として効かないのです（人間にも効きません）。このように一種類だけの防御では、どうしてもそれを破るものが出てきてしまいます。だから硬さを変える皮と毒と、この二種類の防御を合わせもつことにより、ナマコはのそのそしていても食われる心配もなく生きていけるのでしょう。

キャッチ結合組織

ナマコの皮は、硬さがすばやく自由自在に変わる結合組織です。私たちの結合組織には、とてもこんな芸当はできません。硬さが変わると言ったって、せいぜい歳とともに皮膚が不可逆的に硬くなって弾力性を失うくらいなものです。ナマコの皮に代表される硬さの変わる特別な結合組織を「キャッチ結合組織」と私は呼んでいます。

ナマコは、ウニやヒトデと同じ棘皮《きょくひ》動物の仲間ですが、キャッチ結合組織はこの仲間に特有のものです。キャッチ結合組織の主な役目は体の姿勢を維持すること。私たちは姿勢を保つのに筋肉を用いていますね。手を高く上げたとしましょう。上げている間じゅう、腕の筋肉は収縮し続けています。収縮すればエネルギーがどんどん消費され、疲れてそう長くは手を上げ続けられません。では仮に、手を上げて、そこで腕の皮がバリッと硬くなったらどうでしょうか。皮がつっぱってくれますから、筋肉をゆるめても手は上がったままに保たれます。手を下ろしたくなったら、皮をまたやわらかくすればいい。じつはナマコはこんな原理で体の姿勢を保っています。ナマコ流の良いところは、姿勢維持のエネルギーが少なくてすむこと。皮を使えば筋肉の一〇〇分の一のエネルギーで姿勢を保てます。

省エネの知恵

ナマコはエネルギー消費量の格段に少ない動物です。同じ体の大きさのものと比べると、魚や貝の一〇分の一、哺乳類の一〇〇分の一程度。桁違いに少ないのです。動物は生きていくために必要なエネルギーを食物から得ていますが、エネルギーをあまり使わないということは、あまり食べなくてもナマコはやっていけるだろうと想像できます。

ナマコは何を食べるかご存じですか？ シカクナマコもわれわれが食用にしているマナマコも砂を食べています。砂⁉ 驚かれるかもしれませんね。もちろん、砂つぶ自体は石ですから栄養にはなりません。砂の上にくっついているバクテリアや、砂と一緒に飲み込んだ有機物などを栄養にしています。それにしても口に入るほとんどが石。食物として極端に栄養価の低いものです。こんなに貧しい食物でもやっていけるのは、ナマコがエネルギーをあまり使わないからです。

ナマコはほとんど動かず、動く時ものそのそとしています。活発に動くとはエネルギーをたくさん使うこと。たとえば走っている時には、安静時の一〇倍以上ものエネルギーを使います。私たちのように良く発達した筋肉をもち活発に動き回るものはエネルギー消費量が大きいのです。それに対し、ナマコは動くための筋肉を少ししかもっていませんし、体を硬くする防御や姿勢維持にはキャッチ結合組織というエネルギー消費量の少ないものを使っています。だから砂のような栄養価の低いものでもやっていけるわけです。

私たちのような筋肉もりもりの動物が砂から栄養をとろうと思ったら、山のように砂を食べねばならないでしょう。重い大きな胃袋を抱えてヨタヨタすることになり、たちまち捕食者の餌食になってしまいます。私たち脊椎動物は速さを売り物にしています。速く走ったり泳いだりして獲物を捕らえ、すばやくさっと敵から逃げ去るのが脊椎動物のやり方です。速く動くためには、強力な筋肉が必要ですが、それだけではすみません。体は軽くしなやかでなければいけないのです。だからいきおい無防備な体になってしまいがちです。硬くて重厚な鎧《よろい》のような体をもてば、重量は増えるし体のしなやかさも失われ、速くは動けなくなってしまうからです。われわれはやわらかいおいしい肉をむき出しにした無防備な体をしており、逃げ足である運動系と、危険をいち早く察知する感覚系、そしてそれらをたくみにあやつる発達した脳や神経系に頼って生きています。

ナマコのようにあまり動かなくてもやっていける動物なら、感覚系も筋肉も神経系も、それほど発達させる必要はありません。ナマコは防御や姿勢維持は皮にまかせてしまっていますから、体には筋肉が少なくて皮ばかりです。食べる側にとってもっともおいしいのは筋肉なのですが、その筋肉が少なく皮ばかりなのですから、魅力的な獲物ではありません。だから襲われることも少なくなるでしょう。すると、ますます逃げ足など必要なくなって、筋肉や脳というエネルギーをたくさん消費するものをほとんどもたずにすみ、結局、砂のような栄養価の低い食物でもナマコは生きていけるようになるわけです。

「砂を噛むような人生」という言い方をしますね。砂を食べているなんて、なんと味気ない、と私たちは思いがちです。でも、こういう考え方だってできるでしょう。ナマコは砂の上に住んでいます。そしてその砂が食物なのです。これはお菓子の家に住んでいるようなもの。これぞ理想の生活と言えるかもしれません。私たち高等と呼ばれる脊椎動物は、食物を手に入れるために、悪知恵を絞り、あくせく動き回っています。そのためにたくさんのエネルギーを使い、それを補うために、また動き回りと、エネルギーをめぐってのどうどう巡りをやっているのです。

ナマコには発達した神経系（脳）などありません。でも、ゴロッと海岸に横たわっているナマコを見るたびに「なんと頭の良い動物なんだろう！」と、私はいつも感心させられています。

ちょっとだけ動く動物

ナマコはゴロッと寝ころぶことに徹して、エネルギー問題を解決したとも言えるでしょう。ただし、まったく動かないわけではありません。動かなければ、自分のまわりの砂を食べ尽くしたらおしまいです。ナマコのユニークなところは、餌場を変えるくらいのゆっくりとした運動はできるが、のそのそしていても他のものに食われないところです。

多くの動物は、速く動く能力により餌をとり、また、捕食を免れています。このような動物を「運動指向型の動物」と呼びましょう。一方、サンゴやフジツボのような動物は、動くことを犠牲にして重い要塞のような石の家をつくります。このような動物を「防御指向型の動物」と呼ぶことにしましょう。防御指向型の動物は動けません。ではどうやって餌を手に入れるかというと、サンゴの場合は体内に共生している藻類に養ってもらっています。フジツボは波に運ばれてくる餌を濾《こ》しとって食べていますが、これは外界が動けば自分は動かずにすむという戦略です。いずれにせよ餌をとるために動き回らなくてよいからこそ、じっとしていられるわけです。

ふつうに見られる動物は運動指向型のものか防御指向型かどちらかです。ところがナマコをはじめとする棘皮動物は、良い防御をもっていながらある程度は動くこともできるという、両方の長所を兼ね備えています。ナマコは砂を食べますし、ウニは海藻を食べ、ヒトデは貝をこじあけて食べます。どの餌も逃げてはいきませんが、食べるのに手間がかかったり大量に食べなければいけないものです。こういうものを餌にできるのは、良い防御をもち、かつちょっとは動ける動物に限られます。

棘皮動物は「ちょっとだけ動く動物」と呼んでいいでしょう。このようなユニークな生き方により、他の動物には手に入れることのできなかった餌や独自のニッチ（生態的地位）を獲得でき、彼らの今の繁栄があるのだと私は考えています。

ナマコの皮が硬さを変える機構はどのようなものなのでしょうか。皮の硬さは神経の支配を受けています。神経から硬くなれという指令を受けると、皮の中にある分泌細胞から、皮を硬くする物質が分泌され、これにより、コラーゲン原繊維の間に橋架けができます（図3－9）。すると原繊維同士が滑らなくなるため、皮全体が硬くなるのです。

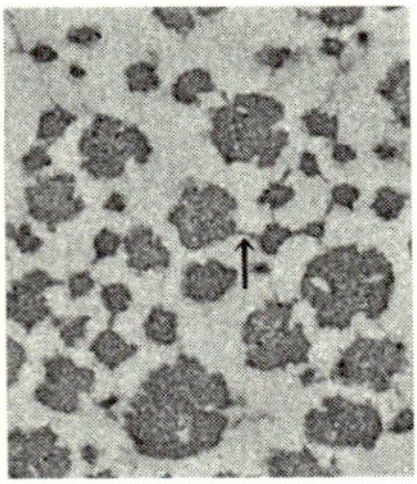

図3-9　ナマコ真皮の電子顕微鏡写真。黒い丸く見えているものがコラーゲン原繊維の断面。原繊維の間に橋架けがある(矢印)

逆に神経からやわらかくなれという指令が出ると、別の分泌細胞から、橋架けをはずす物質やコラーゲン原繊維をもっとばらばらにする物質が出てやわらかくなります。その橋架けに働く物質群がどんなものなのか、また神経から指令として出される物質は何かについて、かれこれ四〇年の研究を通して、それなりに目鼻のついてきたところです。

収縮する結合組織の発見

ここまでは硬さが変化するという話でした。硬さが変わるのですから、引っ張られた時の抵抗が変わるのであって、自分で積極的に力を出すわけではありません。ところが棘皮動物の仲間のウミユリでは、自分で力を出して縮む結合組織のあることを、私たちは発見しました。

ウミユリ。ユリ（百合）と名がついていますが棘皮動物です。深い海に住んでいるため、動物学者でも目にする機会はほとんどなく、今まで生きたウミユリを使って研究することは不可能でした。ウミユリの仲間は大昔の古生代には大繁栄していた動物で、海底の支配者でした。化石も多く、古生物学のうえでは大変重要な動物です。現在は深海底で暮らしていますが、これは、魚の出現により、浅い海から深海へと逃げた結果だと考えられています。

ウミユリは棘皮動物の祖先形に近いと言われており、棘皮動物の進化を考えるうえで、どうしても研究しなければいけない重要な動物なのですが、なにせ深海性のため、それができないでいました。ところが大変幸せなことに、駿河湾の比較的浅いところに、トリノアシ（鳥の足）と呼ばれるウミユリが住んでおり、これを採集して実験室で飼育できるようになったのです。浅いといっても水深一〇〇メートル。漁師さんに特別に頼んで船を出してもらいます。運が良ければ一網で一〇〇匹近くのウミユリがとれます。冬の駿河湾、風の寒さは骨身にしみますが、富士を見ながらの漁はなかなかのものです。

トリノアシは体長が五〇センチ程度。骨だけの開いたコウモリ傘のような形をした生きものです（図3―10）。傘の骨の部分が腕、腕の付け根に体の本体があり、そこから一本の柄が下に伸びています。傘がおちょぼになっている時には百合の花にも見えますし、これを逆さに見れば鳥の足にも見えるものです。実際に生きている時には、柄で海底に固着し、腕を開いた傘のように伸ばして、水流に乗ってくる有機物の粒子を捕えて食べています。柄も腕も、真ん中に穴があいた円盤状の小骨が積み重なった細長い構造をもっています（図3―11）。糸を通して束ねた五円玉を思い浮かべればいいでしょう。円盤の中央部が線状に盛り上がって関節の支点となり、隣り合った円盤（骨）同士は少々動けます。

これまでウミユリは海底にじっと固着しており、動かない生きものだと思われていました。ところが水槽中のウミユリを長時間ビデオで撮影して観察すると、ウミユリは腕を使って、ごくゆっくりですが移動するのです。腕を使って這っていきます。梯子《はしご》登りもします（図3―10）。循環水槽の一端を目の粗いビニール被覆の金網で仕切って、その上部から

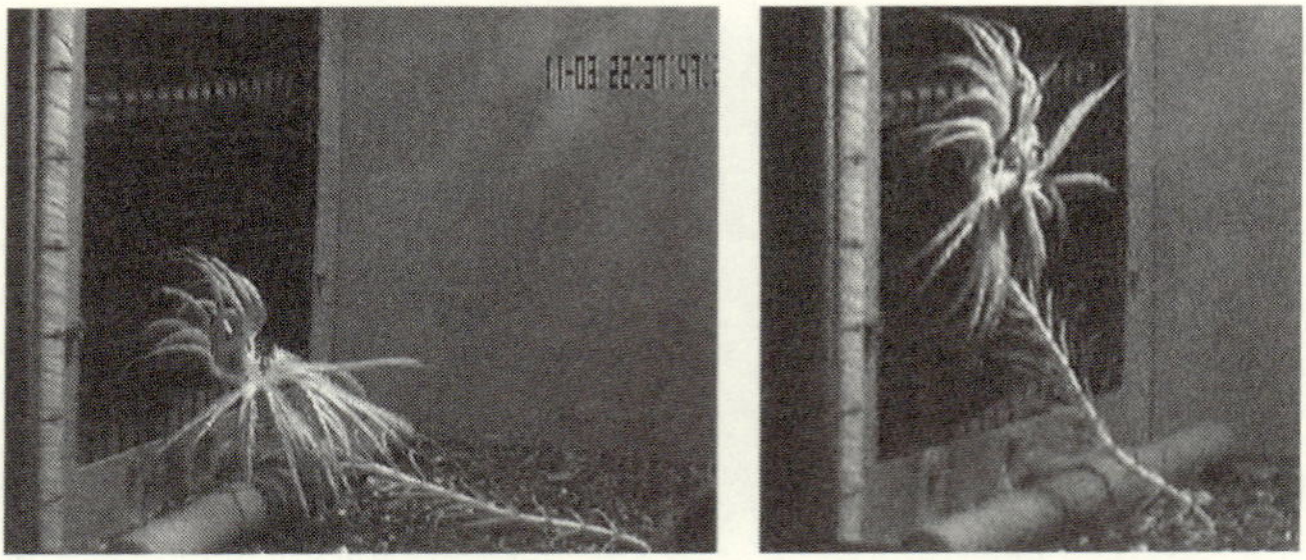

図3-10　ウミユリ(トリノアシ)の運動。横になっている状態(左)から3時間かけて、ウミユリは腕を使って体を引き上げ、網を登った

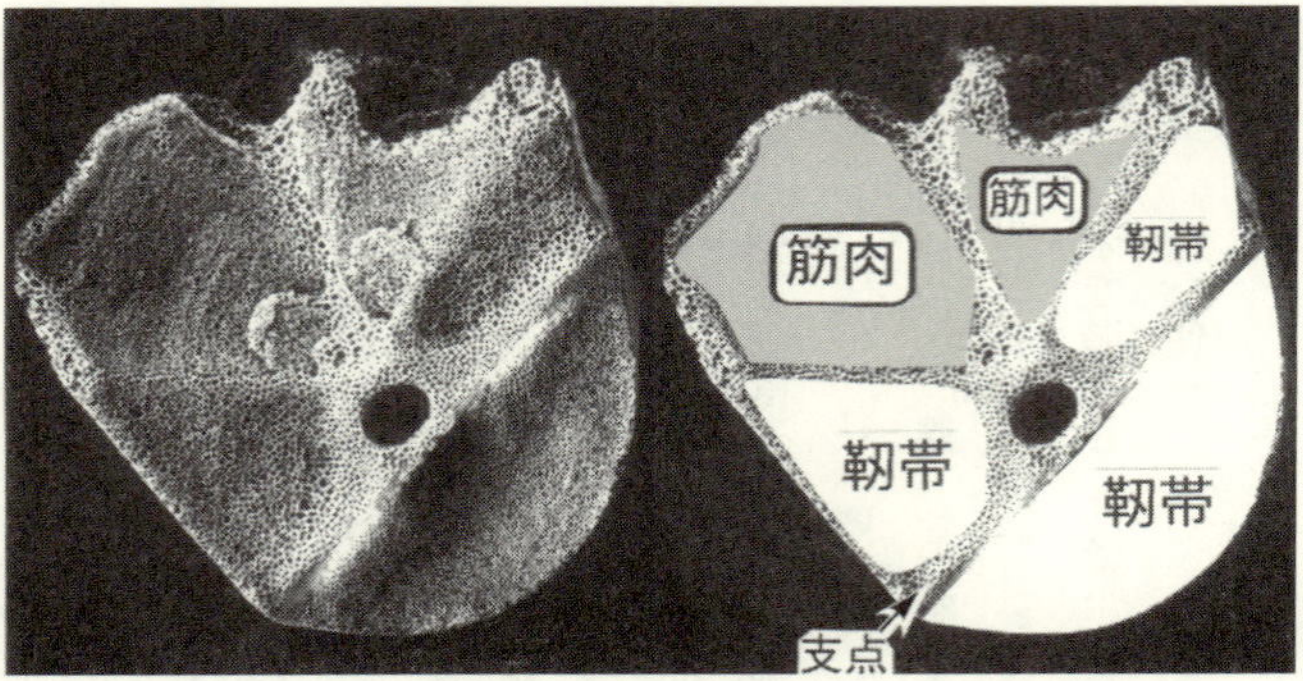

図3-11　ウミユリの腕の骨の関節面の走査電子顕微鏡写真。筋肉と靭帯の付着場所を右図に示してある。関節の支点より口側(写真の上側)にしか筋肉は存在しない

海水を噴き出すようにしていたのですが、ウミユリは流れの強い場所が好きらしく、網の目に腕をかけてよじ登ったのです。

第5章でくわしく述べますが、腕の運動が起こるには、関節の支点をはさんで両側に筋肉が配置されていなければいけません。ところが不思議なことに、ウミユリの腕の骨には、支点の一方の側にしか筋肉はありません（図3-11）。その筋肉も支点の口側についていて、腕は口側にしか曲がらないと思われるのに、実際には逆側に曲がって地面を押して体を進めていくのです。梯子を登る時も、腕を口と反対側に曲げて体を引き上げます。これは不思議です。

そこで、一本の腕だけを取り出し、筋肉をすべて取り除いたものをつくってみました。するとそれでも力を発生して曲がったのです。関節部で残っている組織は、骨と骨とをつないでいる結合組織（靱帯）だけ。結合組織内には筋細胞は含まれておらず、その他の力を発生しそうな細胞もまったく見あたりません。結合組織自身が力を出して収縮していると考えざるを得ない結果です。収縮する結合組織など、世界ではじめての発見です。

結合組織が力を発生するメカニズムは、まだわかっていません。ナマコの皮が硬くなるときには、皮から水が抜け出ていきますが、その量が多ければ組織は収縮するでしょう。ナマコの皮の硬さ変化とウミユリの靱帯の収縮とは、水を媒介とした同じメカニズムによるものかもしれません。これからの研究課題です。いずれにせよ、これまで動物の運動といえば細胞による運動（細胞運動）と決まっていましたが、ここに細胞外成分による運動、つまり「細胞外運動」と呼べる新しいものが登場したことになります。

棘皮動物の結合組織は、ナマコの皮にせよウミユリの靭帯にせよ、力学的にきわめて活発なものです。硬さ変化を示したり収縮までします。今のところこんな活発な結合組織は棘皮動物でしか見つかっていませんが、他の動物にもあるだろうと期待しています。棘皮動物は脊椎動物の近縁の動物です。ヒトでも、血管の収縮や子宮の収縮など、筋肉だけで説明がつくとは考えにくい現象がありますが、これには力学的に活発な結合組織がかかわっているのではないかと想像をたくましくしています。

人工物は硬くて乾いている

前章と本章とで、生きものはやわらかく水っぽいということを述べてきました。ところが人間のつくった物はと見てみると、みな硬い乾燥したものばかりです。水っぽいものなど、ほとんどありません。

人間の技術は、硬くて乾いた材料に頼ってきたのです。鉄も陶器もプラスチックも硬く乾いています。木材だって、植物が生きている時には水っぽく、しなやかなのですが、人間が使う時には乾かしてから使い、変形もしにくくなります。技術には、湿っぽくてやわらかいという発想はありません。なぜなのでしょうか?

そもそもの技術のはじまりは、硬く乾いて変形しにくい材料を使って角ばったものをつくり、効率よく自然を破壊することでした。石を薄片にしてやじりや槍の穂先をつくって野獣を狩り、石のナイフで皮をはぐ。鉄製のくわで大地を切り裂く。私たちが文明を、石器時代、青銅器時代、鉄器時代と呼ぶ呼び方に、技術が硬いものだということが、はっきりと表れています。硬い物で自然を切り裂くのが文明。触ればたちどころに自然が壊れるのが良い技術なのです。自然を破壊し独自の空間を拓《ひら》き、そして絶えず再侵入してこようとする自然に対しては硬く変形しない材料で囲いをつくってはねつける。このようにして人類は独自の世界を築き上げてきました。硬い変形しにくい物は技術の基本であり、文明の基だったのです。

石器、青銅器、鉄器、それに陶器(セラミックス)、プラスチックも加えて、技術の使う素材はほとんどが硬いもの。これらは硬いだけでなく乾いてもいます。なぜ乾いているのでしょう?

湿っていると長持ちせず、すぐに壊れてしまうからです。有機物なら腐るし、金属なら錆《さ》びます。湿っている、つまり水溶液という状態が化学反応が起こりやすい活発な状態なので、すぐに反応が起きて物が壊れてしまうのです。

私は「湿っている＝活発、乾いている＝不活発」とみなしています。今までの技術は、できるだけ不活発な素材でつくることを心がけてきました。不活発であれば壊れにくく長持ちし、良い製品となるからです。もちろん製品をつくるときには、高い温度と高い圧力をかけて活発な状態にし、化学反応を起こしながらつくっていくのですが、いったんでき上がったら反応性のない不活発なものにするのが技術の常識です。

乾いたものは不活発で長持ちし良い製品なのですが、その良い点が今や問題になってきました。不要になってもまだ壊れないのですから、廃棄物の山ができてしまうのです。

つくることのみではなく、分解・再利用までも考慮しているところが生物の特徴です。生物とはそもそも、他の生物のつくったものを利用し、自分もまた死んだら他の生きものに利用されるという形で物質のリサイクルを続けています。水っぽいということがこのリサイクルを続けられる条件なのです。そしてリサイクルとは回ること、つまりまるいということです。形のみならず、生物では物質の流れもまるく円を描きます。そして最終章で述べますが、時間もまるくまわります。「まるい」が生物の大きな特徴だというのが、本書のメインテーマになっています。

湿っぽい人工物をつくってみたらどうでしょう。そうすれば材料の中においても常温常圧で化学反応を起こす道を拓けるかもしれません。これはリサイクルの問題解決のみではなく、工業材料に革命的な変化を起こす可能性があります。材料を活発にすることができるからです。

材料が活発なら「頭のいい材料」（知能材料）だってつくれます。たとえば外力を感知して自分で硬さを変える材料、つまりナマコの皮のような材料です。ナマコの皮で自動車のボデーをつくってみましょう。軽くぶつかった時には硬くなってへこまないが、事故になるくらい強くぶつかった際には、車体がやわらかくなって歩行者も運転者もふわっと包み込んでしまう、などという芸当ができるかもしれません。「ナマコ壁」というのもいいですね。激しくぶつかったら壁が融けてぶつかった人を包み込んでくれるナマコ壁。幼稚園の壁がこれなら安心です。ナマコの皮でズボンをつくれば、食べ過ぎてきつくなった時には、力を感じてやわらかくなりすーっと伸びてくれます。これぞ夢の素材です。

湿っぽくすれば、自分で壊れたところを直す賢い材料もつくれるかもしれません。ちょうど融けたナマコが立ち直るような材料です。また、材料がそのまま機械として働くものもできるでしょう。今の機械では材料とエンジンとが分かれていますが、生物では体をつくっている材料そのものがエンジンでもあり、二つが分離していません。だからこそ一つのものでいろいろな機能をはたせ、生物は小さいにもかかわらず、あそこまでいろいろと高度なことができるのです。

ここまで、湿っぽさと活発さを結びつけて議論してきましたが、やわらかさもやはり活発さと結びついています。生物はしなやかな膜に包まれた水です。体全体がやわらかく大きく変形するので、中の水は流れて撹拌《かくはん》されます。水溶液中では化学反応が活発に起こるのですが、水が動いて混じり合えば、反応がさらに活発になるでしょう。やわらかいということも、活発なことと大いに関係していると思われます。

新素材開発が今、大きな課題となっていますが、ここに工業技術がほとんど手をつけていない「湿ってやわらかい材料」という大きな分野が残っています。もちろん、どうやって湿っぽさを保つかは大問題なのですが、湿ってやわらかいという点は大いに生物に学ぶことができ、真似ができるのではないかと私は期待しています。

細胞外成分を狙え！

生物は水っぽいから活発であり、だから人工物も水っぽくすれば多機能にできるだろうと考えてきました。ただしそうは言っても、簡単に生物の真似ができるものでもないでしょう。生物の体は細胞からできており、生きた細胞が生物の高度な機能の基礎になっています。その細胞を真似るとすれば、細胞を人工的につくるに近いことをしなければならないわけで、おいそれと手の出せることではありません。

技術が生物の高機能さを真似するには、ナマコの結合組織が、良い出発点になるのではないかと私は考えています。ナマコのハイドロゲルの良いところは、その主役が細胞外成分だというところです。細胞外成分とは細胞がつくって自分の外に分泌したものですから、生きたものではありません。ただし細胞とそれなりのつながりをもっていますから、まったく死んだものとも言えないものです。つまり「生きもの」と「物」の中間の位置にあるのが細胞外成分です。細胞ほど複雑でも高機能でもないが、それなりの高い機能をもっているものなのです。だから現時点で生物を真似しようとするなら、一足飛びに細胞を真似するのではなく、細胞外成分を真似るのが、現実的で実り多いやり方ではないでしょうか。このように考えると、ナマコの結合組織をはじめとするハイドロゲルは、工業的にも、今後たいへん重要な位置を占めるべきものではないかと私は期待しています。

人や環境にやさしい技術

「生物は丸く、水っぽく、やわらかくデザインされている。人工物は角ばって、硬く、乾いたデザインである」というのが今までの結論です。つまり、生物である自分自身の体の設計原理と、まわりの人工物の設計原理とは、正反対だということになります。これほど自分自身の設計思想とかけ離れたものにとり囲まれて、はたして私たちは幸せと感じられるものなのでしょうか？——こう問うところが、「実感の生物学」をうたっている本書の本書たるところです。硬い四角い箱は、たしかに自然の脅威から私たちを守ってはくれるのですが、それは牢獄《ろうごく》以外の何ものでもないのかもしれません。そういう四角で硬い直線的なものが機能的で良いという美意識に、私たちは慣らされすぎているのではないでしょうか。

物をつくる側にとって、四角くて硬くて乾いているということには、優れた点がたくさんあります。硬ければ変形しにくく、設計が簡単になります。乾いていれば長持ちします。そしてなによりも、自然を効率よく切り裂け、人類独自の空間を確保できます。しかし今や、つくる側の論理、人間の側の都合だけでは話はすまなくなってきました。「環境にやさしい技術」や「人にやさしい技術」が求められているのです。

「人にやさしい」とは、「生物であるヒトのデザインと大きくは違わない」、「ヒトと相性が良い」と言い直せるのではないかと第1章で申しました。また、環境も多くの生物がつくり上げているものであり、環境にやさしくなるには、当然、生物のデザインを無視することはできません。ここでも「生物のデザインと大きく違わない」、「生物と相性がよい」ことが必要になってきます。

今までは自然を効率よく破壊するものほど良い技術でした。だから技術とは本質的に自然と相性の悪いもの、相性の悪さを誇ってきたものなのです。でもこのような従来形の技術から、そろそろ卒業しなければならない時期に来ていると私は思っています。生きものに学び、生きものや自然と相性の良い技術をつくっていかねばなりません。

生物は長い進化の歴史を通して、環境に適応したものが生き残ってきました。だから環境に適応していることが、生物の最大の特徴なのです。環境に適応しているとは環境と相性がいいこと、そして環境と相性がいいとは環境にやさしいことです。だから、生物は環境にやさしいデザインをもっており、環境にやさしいデザインの宝庫が生物なのです。私たちが人にも環境にもやさしい技術を開発したければ、生物のデザインをもっと勉強すればよいということになるでしょう。

生物のようにリサイクルするものは環境とも相性がいい。生物のデザインにもとづいて設計したものは生物や環境と相性がいい。また、最終章で議論しますが、生物はずっと続いていくというデザインをもっており、それは、自分が生きている環境もずっと続くように配慮したものなのです。生物のデザインを考慮してつくれば、使う私たちと相性が良く、環境を破壊しないだけではなく、私たちや地球環境の持続性を保証し、また使い手の心をやわらげて、使っていてほのぼのと幸せだと感じさせるものができるのではないか、そう私は信じています。

仁義ある技術

日本が今後とも技術立国を旗印にして生き残っていくためには、高品位の技術を開発しなければならないという声をよく耳にします。そのとおりでしょう。ただしそのような主張の際にイメージされている高品位とは、高効率・高機能と同じ意味で使われているようです。しかし品位の高さとは、ただたんに高効率・高機能というだけではなく、生物や環境との相性の良さで評価するという視点をもつべきだと私は思っています。

新技術開発のヒントを得ようと、「生物に学ぶ製品開発」を主題にした研究会が最近よく開かれます。生物は高機能だし多種多様だから、何か手軽に真似のできる高機能達成法が、生物のどこかに隠れているのではないかという期待があるからでしょう。私もそのような会に招かれて話す機会が多くなりました。技術者の関心は生物の高機能なところですから、湿ってやわらかい技術は高機能である、その代表例としては硬さを自在に変えるナマコの皮があげられる、これは理想的な新素材だなどという話をするのですが、それは話の半分で、もう半分は、生物に学ぶものは高機能だけではないという話をすることにしています。

生物の高機能を学ぶというけれど、それはこちらの好きなところだけを生物から盗みってくるのですから、いわば泥棒。生物を搾取する態度とも言えるでしょう。そもそも自然を搾取するのが近代の科学・技術というものです。自然とは切り取ってきて使うための材料としか考えないのが技術の見方なのです。しかし今やそのツケがずいぶんとたまってしまいました。このあたりで、科学・技術も態度をあらため、自然を謙虚に学ばせていただき、自然と相性の良い技術をつくる姿勢をもつ必要があります。技術といえども自分の都合だけではなく、相手の自然をも立て、いわば自然に仁義を切ってものごとをやらせていただくという「仁義ある技術」に変身すべき時に来ています。生物に学ぶ最大の点は、その高機能さもさることながら、環境・生物・人間と相性を良くするやり方を学ぶことであり、それには生物そのもののデザインを、こちらにとって都合が良いかどうかには関係なく、謙虚に学ばせていただく姿勢が必要なのです。品位の高い技術とはこのような点を考慮したものであり、これこそが二一世紀のめざすべき技術ではないでしょうか——こんなことを技術者を相手にお話しししています。

生物学といえば、昔は浮世離れした、技術などとは縁の薄い学問と考えられていました。でも最近は違います。たとえばバイオテクノロジーは、まさに生物学と技術が直接結びついたものです。ただしこれも生物をこき使って人間に都合の良いことをしようという、従来形の技術の発想に立っているものです。

これとは別の形で生物学は技術と関係を持つべきだと私は感じています。これからの技術は、ヒトや環境と相性が良くなければなりません。どのようであれば相性が良くなるのかを、生物学は教える必要があります。生物学は技術の善し悪しを判断する規範を提供し、技術の越えてはいけない一線を示し、技術のめざすべき方向を与えることができるものだ、またそうしなければならない、と私は思っています。

第4章　生きものの建築法

ここまで生物はどんな材料でできており、どんな形をしているかを考えてきました。いわば建築家の目で生物を見てきたとも言えるでしょう。その仕上げとして、生物の体を建築物と直接対比して考えてみることにします。生物の体は、自分の重さにもつぶれず、風や流れなどの外力にもひしゃげず壊れず、形を保っている構造物です。自重や外力に抗して立ち、内部のものを保護するという機能は建築物と同じです。だから建築物と比べてみると、体のデザインが理解しやすくなってきます。

建築物はつくり方により、いくつかの種類に分けることができます。①私たちの住居としてふつうに見られるのが「骨組み構造」です。これは細長い柱と梁《はり》とを組み合わせてつくってあります。②レンガを積み重ねてつくった家は「レンガ積み構造」。レンガやブロックや石の塊など、硬い塊状のユニットをどんどん積み上げてつくっていく構造物です。③東京ドームのようにフニャフニャした膜を内側から圧力をかけてふくらましているのは「膜構造」。④ガスタンクや丸屋根の体育館のように、湾曲した硬くて薄い板で殻をつくったものは「殻（シェル）構造」。⑤吊り橋のように紐を編んでつくったものが「吊り橋構造」。これらおのおのに対応した構造が生物界には見られます。

薄くて強い殻構造

殻構造の代表は、もちろん卵の殻。殻構造の良い点は、殻は薄くても強いため、内部に大きな空間を確保できることです。

殻構造のもう一つの良い点は、形の保持と体の保護とを兼ねられることです。硬い殻は鎧のようなもの。卵はこれですっぽり覆っているのですから、中で安全に胚の発生が進みます。

陸上の動物では、殻は内部を乾燥から守る役目もはたしています。卵の殻の中で胚の発生が進みますが、体をどんどんつくっていくのですから、ものすごく活発に化学反応が起こっており、当然、殻の中は大いに水っぽくなければなりません。胚発生がとりわけ水っぽい環境を必要とするからこそ成体になったら陸で暮らすカエルでも、卵は水の中に産むのでしょう。脊椎動物は両生類（カエルやイモリの仲間）から爬虫類《はちゅうるい》へと進化してはじめて、完全に陸の生活に移ることができました。これには爬虫類が良い卵殻を進化させ、蒸発を防いで内部の水っぽい環境を保てたことが、大きく寄与しています。

体の表面は、乾燥しないようにであれ、傷がつかないようにであれ、どのみち覆って保護しなければならないものです。卵のように硬い殻で、保護と形の保持の両方の機能を兼ねてしまえば、その分スペースを節約でき、効率よく空間を利用できます。

昆虫も殻構造

体が殻構造である動物の代表は昆虫でしょう。かれらはクチクラでできた硬い殻で、体をすっぽりと包んでいます。あの細い触角だって、一本一本がクチクラで覆われているのです。クチクラはキチンの硬い繊維からできており、繊維の間はタンパク質が埋めています。ちょうど繊維強化プラスチック（ＦＲＰ）のような構造の複合材料であり、硬いけれども壊れにくく、殻の材料としては理想的なものです。

昆虫のように体の小さなものにとって、省スペースは重要なことです。体は小さくても、目も脳も消化管も生殖器も、その他もろもろみんな一セット揃えておかねばなりません。それらを小さな体にギュッと詰め込むことになります。小さいものほど体内の空間に余裕はないのです。殻構造は空間利用効率が良く、小さいものにとって適した構造です。

小さいものに殻構造が適している点はまだあります。サイズの小さいものほど、殻は強く壊れにくくなるのです。ピンポン玉はけっこう硬く、軽くたたいたくらいではへこみませんね。ところが同じ厚さのプラスチックでサッカーボールくらいの大きさのものをつくったら、押せばペコンと簡単にへこんでしまいます。へこみやすさは球の半径に比例するからです。大きい殻に小さいものと同じ強度を持たせようとすれば、壁をずっと厚くしなければなりません。だから大きな動物が殻を使うと、カメのようにぶ厚い重い殻を背負った鈍重な生きものになってしまいます。それに比べて小さい殻は、壁が薄くてすむので軽いし材料費が安上がり。壁の薄い分、内部に広い空間を確保できることになります。殻は、サイズが小さいほど使いでがでてくるのです。

昆虫は小さいという点で殻構造の利点を享受しているのですが、さらに飛ぶという点でも殻構造の長所を大いに使っています。飛ぶものではきりもみ状態になったりして、走るものに比べて体にねじれなどの複雑な力がかかりやすいのですが、殻構造の場合、体の周辺部に硬いものが配置されているので、ねじれに強く抵抗できます。殻が形の保持と保護とを兼ねており、その分、体が軽くなって空を飛ぶのに有利なうえに、さらに強いのですから、昆虫だけでなく飛行機や速度が命のレーシングカーにも殻構造が採用されているのは、もっともなことです。

貝殻のうずまき

貝の殻も、もちろん殻構造です。巻貝は入口を除いて、一つの殻で体をすっぽりと覆っています。殻構造はモノコック構造とも呼ばれますが、モノは一つ、コックは貝殻という意味の造語です。貝の殻は外套膜が分泌してつくりだした炭酸カルシウムとタンパク質の複合材料でできており、硬くて壊れにくいものですから、大変に良い防御になります。捕食者に食べられにくく、強い波浪にも耐えられる優れたものです。

ただし問題がないわけではありません。硬い殻が体の外側をすっぽりと覆っているので、どうやって成長するかが大問題となってきます。殻はいわば「死んだ」部分です。貝が成長しようとしても、殻そのものはすんなりとは大きくなってくれません。人工物と違い、生物は成長しなければならないのです。

第1章で生きものは円柱形であるという話をしました。ところが円柱形の貝はいません。サザエもタニシもカタツムリも、うずまき形（螺旋《らせん》形）です。ハマグリやアサリは一見、螺旋には見えませんね。しかしこれも螺旋なのです。一枚の殻を横から眺めてみて下さい。蝶番《ちょうつがい》のところから巻き始めて、すぐに広がった巻きの強くない螺旋を描いていることが見てとれます。

じつはこの螺旋が成長と関係しているのです。

貝は入口だけは開いていますから、成長にともない、ここに殻の物質をつけたして殻を大きくして成長していきます。さて、仮に円柱形の殻をもった貝がいたとしましょう。円柱の一端だけが開いていて、ここに殻を付け足して成長するとしますと、円柱はどんどん伸びて細長くなっていきます。つまり成長に従ってプロポーションが変わってしまうのです（図4－1）。こんな殻に合わせて内臓も成長させようとすれば、形や配置を変え続けねばなりません。これは困ります。

貝殻はきれいな螺旋を描いていますが、どの貝を調べてみても、対数螺旋と呼ばれる螺旋なのです（図4－2）。この螺旋は、螺旋の巻き数が増えるとき、すぐ内側の螺旋との距離が一定の比率で増加するものです。こうすると、螺旋の巻き数が増えて大きくなっても全体の形が変わらないのです。

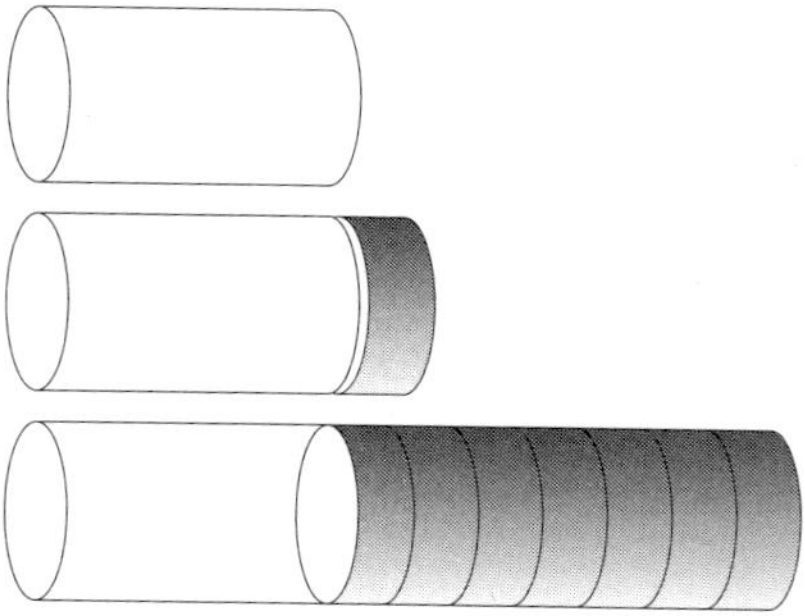

図4-1　円柱の一端に、新たな物質を付け加えて成長すると、プロポーションが変わってしまう

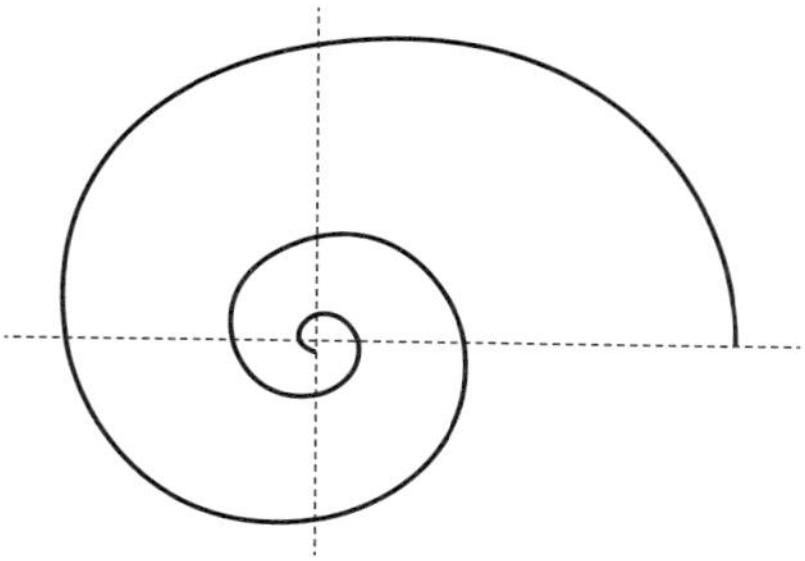

図4-2　対数螺旋

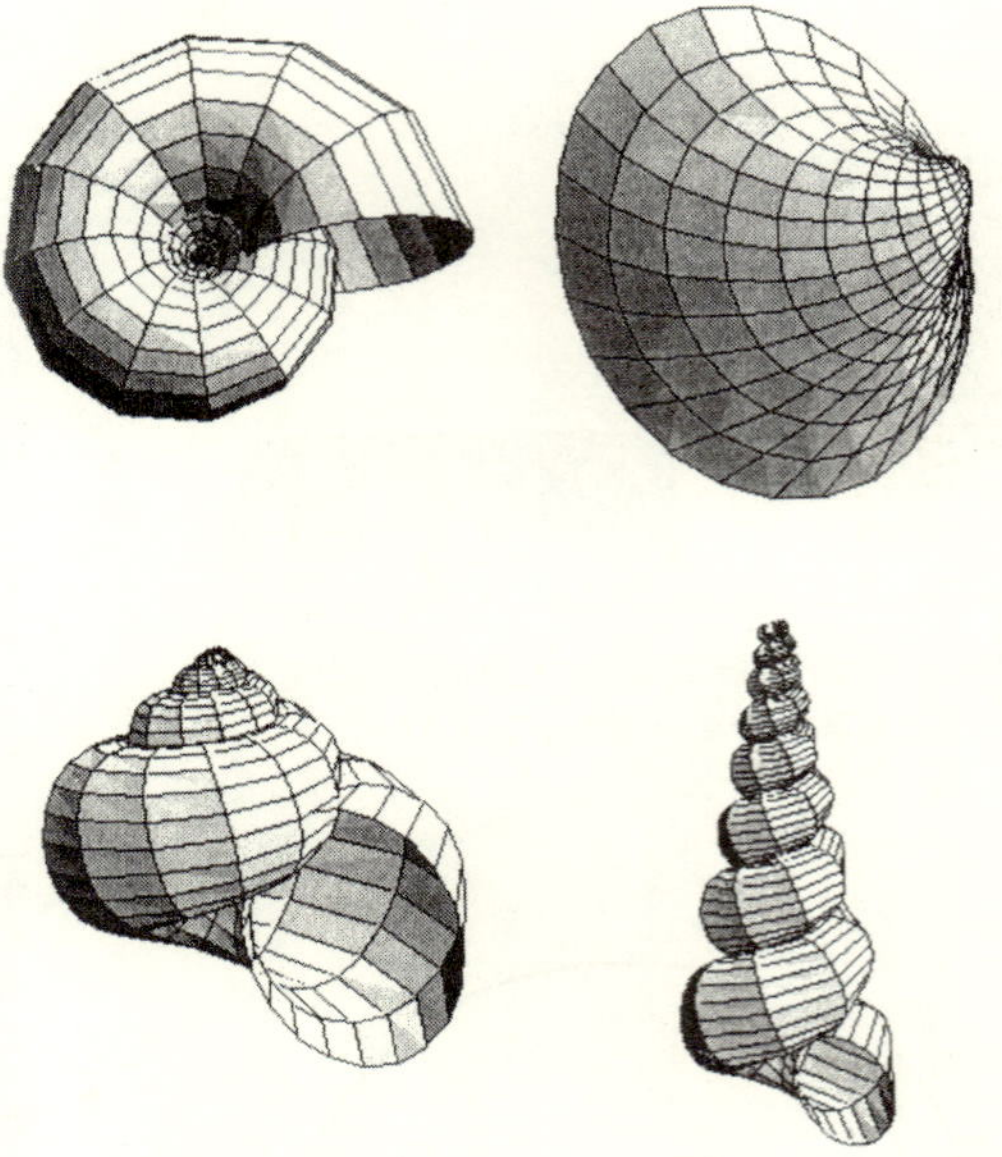

図4-3　貝の形のコンピュータ・シミュレーション。すべて対数螺旋の式を使って描かせたもの（草刈圭一郎、リュディゲル・ビレンハイデ氏提供）

対数螺旋の式を使ってコンピュータに描かせたのが図4－3です。巻きのきつさや、巻きごとにどれだけせり上がるのかの数字を変えるだけで、カタツムリ形だけではなくオーム貝のような平たいものも、尖《とが》ったキセル貝のようなものも、またハマグリ形の二枚貝も、同じ対数螺旋の式を用いてつくり出すことができました。

対数螺旋になるように入口に殻の物質を付け加えながら殻を成長させると、形は一定に保たれます。貝はまさに幾何学を使って「殻でしっかり包まれていながらも、成長につれ形が変わらないにはどうしたらよいか」という問題をエレガントに解いたのでした。

体の外側に硬い骨があり、これで体の形を保つ骨格系を外骨格と呼びます。外骨格は殻構造でもあるわけです。それに対し、私たちのように、体の内側に硬い骨があるのが内骨格です。外骨格をもつ動物としては貝の他に、昆虫やエビ・カニ、コケムシ、サンゴなどがいます。これらの動物はみな、成長に関して貝と同じ問題を抱えています。そしてそれぞれが違った解決法をあみ出しました。

昆虫がこの問題を解くやり方は、もっとも単純明解、いわば「力ずく」です。大きくなる時に殻がじゃまになるのなら、古い殻を脱ぎ捨てて、新たにもっと大きな殻をつくればいいという発想です。昆虫は脱皮を繰り返して大きくなっていきます。エビやカニもそうです。

サンゴやコケムシは、また別な解決法をとりました。個体としては成長するのをやめてしまうのです。でも成長をあきらめたわけではありません。出芽や分裂により、自分と瓜二つのものをまわりにつくり出し、群体として成長します。これについてはレンガ積み構造のところでお話ししましょう。

このように生きものにとっては、成長ということが大問題となります。人工物にはこの問題はありません。でも本当は問題になるべきことなのでしょう。子供の成長とともに、一台の三輪車が、自転車、バイクへと「成長」し、一生つきあっていけるようになってこそ、理想の人工物とは言えないでしょうか。

少ない材料で軽い吊り橋構造

これは細長い糸や紐やワイヤーでできた構造物です。吊り橋が代表的なものですから「吊り橋構造」と呼んでおきましょう。糸や紐のような細くてなが〜いものは、曲げたり押したりする力にはヘニャヘニャして何の抵抗も示しません。でも引っ張る力（張力）にはピンと伸びて抵抗します。だからどの部分の紐にも、すべて張力がかかるよう工夫すれば、紐だけで力を支える構造物をつくることができます。

吊り橋構造の良い点は、少ない材料で軽くできることです。紐は細くても引っ張りに強く抵抗できるからです。これはクレーンの細いワイヤーで大きな鉄の塊を吊り上げられることからも想像できるでしょう。だからこそアケビのつるでも人が渡れる橋を架けられるのです。

同じ素材でできているなら、太いほど大きな引っ張りの力に耐えられます。断面積が二倍の紐は二倍の力を支えられるのです。だから断面積あたりの力（応力）が問題で、これがある限界値以上になると紐は切れてしまいます。吊り橋に人がのった時、橋のどの部分の紐もみな同じ応力になるようにするのが良い設計です。そうでないと力をあまり支えずに遊んでいる紐が出て無駄が生じますし、一番大きい応力のかかる紐から切れて壊れるおそれもあります。応力を同じにするには、どこにどんな太さの紐を使うかや、紐と紐とのなす角度を工夫します。こうして応力をどこも同じにした吊り橋では、もし限度を越す力が加わった時には、紐が一本ずつ切れていくのではなく、すべての紐が同時に切れることになります。このように設計すると、もっとも少ない材料でむだなく構造物をつくれ、橋ならば軽くて強いものが安くつくれます。

クモの糸の吊り橋構造

生物界での吊り橋構造といえばクモの巣がその代表でしょう。クモは糸使いの名人。糸を使ってさまざまな形の巣をつくります。生け垣に水平に白く密な網が、ちょうど棚板のように張られているのはタナグモの棚網。ジグモは地面に細長い袋のような管状網をつくります。サラグモの皿網、ハグモの天幕網など、いろいろな形のものがありますが、なんといってもオニグモやジョロウグモをはじめとするコガネグモの仲間の張る円網がクモの巣の代表（図4－4）。同心円状の網が光にきらめいて天空に架かっているのは、じつに見事です。そしてこれは構造力学的に見ても美しいものなのです。良い吊り橋と同様、どの部分の糸にも同じ応力が加わるように設計されていることがわかってきました。

オニグモの巣のつくり方を見てみることにしましょう。クモはまず糸を風に流して向かい側の木などにからめ、糸の橋を一本架けます。この橋からぶら下がりながら、巣をまわりに固定するための外枠の糸（枠糸）と、その外枠から中心に向かう放射状の糸（縦糸）とを張りわたし、これで巣の枠組みをつくり上げます。ここまでの糸はベタつかないものです。次に虫をからめとるためのベタつく糸（横糸）を張る作業にとりかかります。なにせベタつくものですから、作業は慎重にやらねばなりません。まず足場をつくって作業をしやすくします。中心から外に向かって螺旋状に足場糸を張るのです。足場ですから、もちろんベタつきません。こうした準備をしたうえで、クモは足場糸と縦糸とを足場にして、ベタベタする横糸

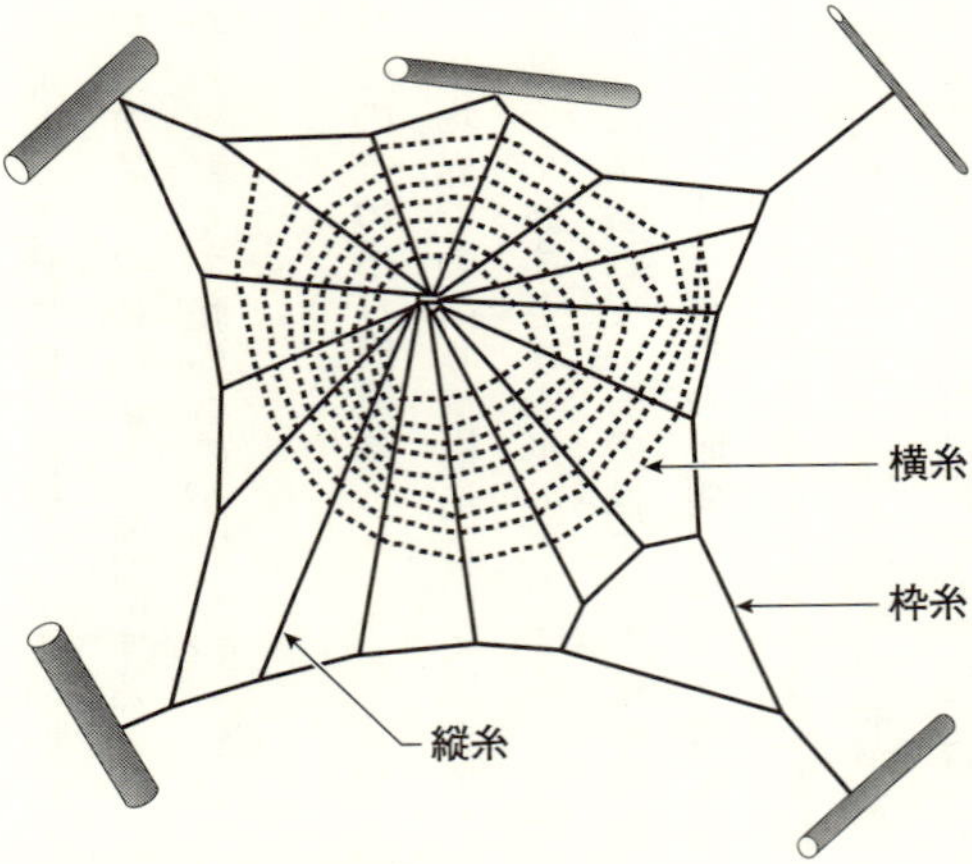

図4—4　オニグモの円網

を、今度は外側から中心に向かって螺旋状に張っていきます。張りながら、不要になった足場糸ははずしてしまいます。でこれで円網の完成です。

巣の形を保ち支えているのは、枠糸と縦糸とからなる枠組みです。クモの糸は、より細い糸が束になってできているのですが、オニグモでは枠糸は八～一〇本、縦糸は二～四本の細糸の束でできており、枠糸の方がより太くなっています。糸にどのくらいの力をかけるとどれだけ伸びて切れるかを、クモの巣の部分部分について測った人がいます。その結果と巣の形とから、糸の引っ張り応力を計算すると、巣のどの部分でも応力はほぼ一定になっていることがわかりました。これは良い設計の吊り橋と同じです。クモは糸の太さと糸同士の交わる角度を工夫して、使う糸の量がもっとも少なく、それでいて壊れにくい巣をつくっているのです。

枠組みの糸と虫をからめとる横糸とでは、力学的性質に違いがあります。枠組みの糸は硬くて伸びにくいものです。一方、この枠組みの上に渦巻《うずまき》状に張られた横糸はベタつくのみならず、よく伸びるのです。これには意味があります。もし横糸が硬く伸びにくいものだったなら、虫が高速でぶつかった時には、プルンと跳ね返ってしまい、虫を捕り逃がすおそれがあります。やんわり伸びて虫を包み込めば、広い面積で粘着して虫をからめとることができます。また、虫がぶつかってきた時に糸にかかる力は、糸が大きく変形しながら受けとめた方が小さいのです。これは同じようにぶつかっても、コンクリートの壁なら怪我をするが、やわらかいものなら大丈夫というのと同じことです。「力＝質量×加速度」ですから、ゆっくりと減速させた方が、急に速度をゼロにするよりも加速度が小さくなり、かかる力も小さくできるのです。つまり、虫を捕らえる糸は伸びやすい方が虫の衝突によって壊れにくく、そして虫をからめとりやすくもあるのです。それに対し、もし枠組みの糸が同じように伸びやすかったら問題です。巣の形をうまく保てませんし、風がちょっと吹いただけでも大きく変形して横糸同士がくっついて、もう巣が使いものにならなくなってしまいます。このようにクモは糸の力学的性質を、ちゃんと使い分けているのです。

クモの糸はフィブロインというタンパク質でできています。成分的にはカイコの糸と同じものです。そこで、クモをたくさん飼って服をつくろうという試みもありました。クモはとも食いするので、なかなかうまくいかなかったのですが、最近、日本のベンチャー企業が遺伝子工学の手法を使ってクモの糸の大量生産に成功し、軽くて強い服の素材として使われはじめたようです。

つる植物の戦略

クモの巣はクモが体の外につくった構造物です。では体自体が吊り橋構造でできている生物は何かあるでしょうか。体のすべてに張力が加わっている紐でできた生物はどうも思い浮かびません。こじつければ澄んだ川の流れの中で、緑色の糸状の体を流れの方向になびかせている水草が、これにあたるものかもしれません。流れから加わる引っ張りの力が草の全身にかかっています。紐状の体は押しつぶしたり曲げたりする力には抵抗できませんから、川の流れのように、いつも決まった一定方向の引っ張りの力だけが加わる状況以外では、こういう生物は見られないものなのでしょう。

体の一部分が張力の加わる糸や紐でできている生物は、ごくふつうに見られます。ツタやカラスウリのようなつる植物は、他の木につるの上端を固定し、体全体を紐で上から吊る形で体を支えています。つるには張力がかかっています。つる植物と巻きつかれている方の木とを比べてみて下さい。木は非常に太いのに、つるはほんの細い紐です。つるにだって大きい葉がたくさんついているのですから、それなりの重みがかかっています。いくら他人を支えに使っているとはいえ、あんなに細くて切れやしないのかしらと、ちょっと心配になります。

ここが張力と圧縮力の違いなのです。木の幹のように細長い棒状のものを立てれば、棒には自重による圧縮力が加わりますが、圧縮力に抗して形を保つには、引っ張られる時よりずっと径を太くしないといけません。

細長い棒の両端をもって押してみましょう。ほんのちょっと力を加えただけで棒は急に横にペコンと曲がってしまいますね。このような変形を「座屈」と言います。長い棒ほど座屈が起きやすく、長さの二乗に反比例して小さい力で座屈が起こります。長さが二倍なら四分の一の力で座屈が起きてしまうのです。座屈を防ぐには棒を太くする必要がありま す。太さの四乗に比例して座屈が起きにくくなるからです。

圧縮力に耐えて形を保つには、長いものほど径を太くしないといけません。これに対して引っ張りに抵抗する場合には、長さは関係してきません。長い紐も短い紐も、同じ太さならば同じ張力に抵抗できます。だからこそ短いつると見上げるほどの高い木にからみついたつるとでも、太さにそう違いはなく、一方、からみつかれている高木の方は、これは自分の重みによる圧縮力に耐えているのですから、低い木よりもずっと太くなるわけです。

紐のような張力のかかるもので力を支えると細くてもよく、建築費が節約できます。安い建築費の利点を生かしてどんどんふえていこうというのが、つたのような「よじ登り植物」の戦略なのです。

フィンク・トラスと肋骨

すべてを張力のかかる紐やワイヤーでつくれば、構造物は少ない材料で軽く安くつくれます。これは吊り橋と眼鏡橋とを思いうかべればすぐにわかることでしょう。眼鏡橋は石組みのアーチ構造であり、すべての石に圧縮の力がかかるようにつくられています。眼鏡橋の重い印象に比べ、吊り橋は軽くスマートで、浮かぶように空中に架かっています。

たしかに吊り橋は経済的なのですが、でも♪山の吊り橋♪のようにユラユラするもので、重くて長い汽車などを渡すには変形しすぎる欠点があります。そこで考え出されたのがフィンク・トラス構造の橋です。この橋では圧縮力のかかる部分と張力のかかる部分とをうまく組み合わせてあります（図4－5）。横に渡した橋本体には下向きに荷重が加わり、真ん中がたわみます。これを防ぐために、橋から垂直下方に太い棒をのばし、これを斜めに渡したワイヤーで引き上げています。下向きの棒には圧縮の力が、斜めのワイヤーには引っ張りの力がかかっています。この二つで橋の荷重を支えているのです。

このような橋は二〇世紀初頭によくつくられました。じつはこれと同じやり方が動物の体でも使われています。ウマであれイヌであれ四足動物というものは、横に渡した細長い柱（背骨）があり、これが前後二本ずつの縦の柱（前肢・後肢）で支えられた構造物とみなせます（図4－5）。背骨の前端には首という柱が乗っています。背骨（脊柱）には臓器の重みが（ウマの場合には、さらに背中に乗せた人の重みも）加わり、背骨は下にたわみますが、それを防いでいるのが、背骨から下に突きだした肋骨《ろっこつ》と、肋骨の間を結んでいる筋肉と結合組織の紐です。これはまさにフィンク・トラスそのものです。肋骨は硬い骨ででき

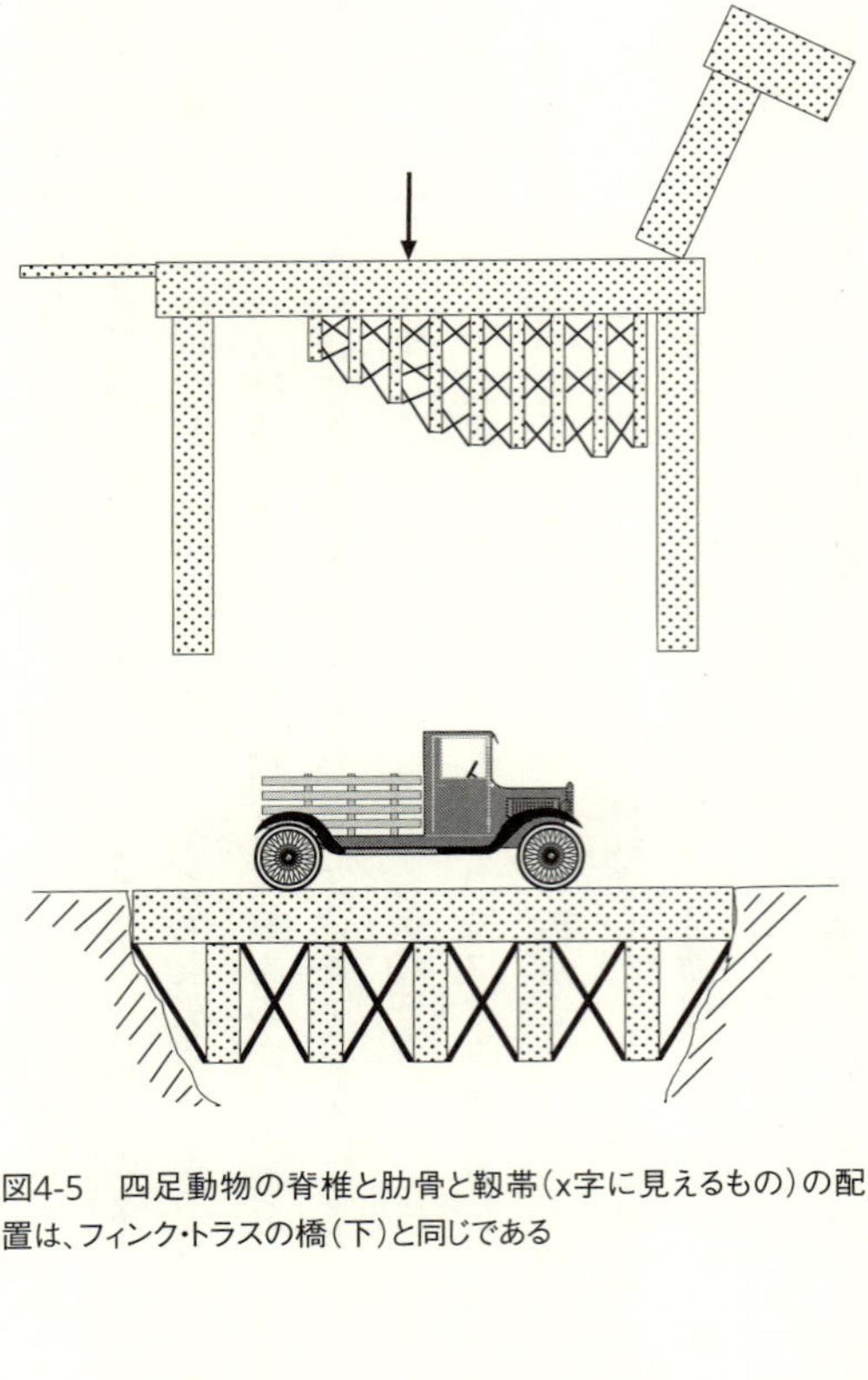

図4-5　四足動物の脊椎と肋骨と靱帯（x字に見えるもの）の配置は、フィンク・トラスの橋（下）と同じである

ていますから圧縮に耐えられます。一方、筋肉や結合組織は紐として引っ張りに抵抗できます。引っ張り要素と圧縮要素とを組み合わせ、肋骨を紐で引っ張り上げるという形で背骨のたわみを抑えているのです。肋骨には心臓や肺という大切な臓器を囲って保護する役割ももちろんあるのですが、このような構造上の役目ももっています。

やわらかい材料のみでしっかり体を支える膜構造

動物は水の詰まった袋のようなものです。私たち脊椎動物は袋の中央に硬い背骨を発達させましたが、背骨をもたない無脊椎動物の多くは、まさに水の詰まった袋そのもの。こういうものたちは、東京ドームのような膜構造の建築物に対比できます。硬い骨がなくても姿勢をちゃんと保てるところが、この構造の最大の眼目です。

膜構造のもう一つの良いところは、手軽に大きなスペースを確保できることです。ほんの膜一枚を袋状にして水や空気を詰めてふくらませば良いのですから簡単です。生物にとって体が大きいということは、より捕食されにくい利点があります。また体腔という水の詰まったスペースは、より速く運動するのに役立ちます（第5章）。大きなスペースがあれば、その中でたくさんの卵をつくってばらまくことも可能になるでしょう。私たち哺乳類がお腹の中で子を育てられるのも、体腔という大きなスペースがあるからです。

私たちが目にする膜（シート）のほとんどは、細長い繊維が織り合わさったものです。布の多くが植物や動物の繊維を織ったものですし、紙も植物の繊維からできています。繊維は細長いものですから引っ張りの力にしか抵抗できず、膜は面内の引っ張りの力にしか抵抗できません。押したり曲げたりすると、ヘニャヘニャとなってしまいます。圧縮や曲げに抵抗するためには三次元の構造にならねばなりません。膜構造は水や空気という、そのままではサラサラ流れていってしまうものを、ヘニャヘニャした二次元の膜で包み込んで三次元の構造につくり上げたものです。ヘニャヘニャとサラサラから、ちゃんと力を支えるものをつくれるところが、この構造のミソです。

膜構造では中に入っている空気や水（流体）が内側から膜を押しています。膜は押し広げられて横に引き伸ばされますから、膜には張力がかかっています。膜が繊維でできていれば、繊維が張力を発生することになります。中に入っている流体は、逆に膜に押し返されて圧縮の力がかかっています。圧縮に耐える要素（空気や水）と引っ張りに耐える要素（膜）とが、うまく組み合わさって構造をつくり上げているのです。

円柱形の膜構造

動物における膜構造の代表はミミズでしょう。ミミズは体の中央が大きな水の詰まった空間（体腔）になっており、その水を体壁という膜が包んでいます。膜と水とが形を保ち力を支えているのですから、この「膜＋水」は骨格系とみなせます。動物学ではこのようなものを静水骨格（静水力学的骨格）と呼びます。水が膜に包みこまれていて静かに留まっているから「静水」なのです。

静水骨格をもった動物は、みな円柱形をしています。ミミズもカイチュウも円柱形です。なぜ円柱形なのかを考えた時に、最初球形だった生物が、サイズの増大とともに表面積が減少するという問題を解決するために、体を細長く伸ばしていって円柱形になったのではないかと推測しました（26ページ）。こうして表面積の問題は解決されたのですが、体が細長く伸びたことにともない、新たな問題が生じてしまったのです。球形の膜構造物なら、膜はどの方向にも同じ大きさの力で引っ張られていますが、円柱形になると、円柱の丸い周方向に膜を引っ張って円柱を太らす方向に働く力と、軸方向に引っ張って円柱を引き伸ばす力とが同じになりません。これは力学的には、とてもやっかいな問題なのです。

空気は内側から膜を一様に同じ力で押しているのに、なぜ円筒だと膜内の力が違ってくるのでしょう？

これはちょっと計算をしないといけませんので結果のみを書きますが、円筒だと膜を円周方向に引っ張る力は長軸方向の二倍になってしまいます。このことは細長い風船をふくらませてみると実感できます。息を吹き込むと、なかなか長くは伸びず、まず途中だけが丸くふくれ上がります。伸ばすよりはふくらます力がより大きいからこそ、風船は一番弱い部分がまずプクンとふくれるわけです。風船であれ何であれ、円筒の途中にたまたま弱い部分があれば、そこがこぶになってふくれ、へたをするとそこで爆発してしまいます。貯水タンクでもガスタンクでも、また水を送るホースであっても、内圧のかかる円筒形のものはみなこの危険を抱えています。血管も例外ではありません。動脈瘤《りゅう》というこぶができ、それが破裂するおそれがあります。

交叉螺旋による補強

この問題は繊維を円筒に巻きつけて補強すれば解決できます。水撒き用のホースで、網目が透けて見えるビニール製のものがよくありますね。網目に見えるのは、右巻きに螺旋状に巻きつけた繊維と、左巻きに巻きつけた繊維とが、斜めに交叉しているからです。巻き方もでたらめではなく、繊維が円筒の長軸と五四度四四分の角度になるように巻かれています。こうすると円周方向と長軸方向にかかる力がちょうど等しくなり、こぶの問題が解決できます。

動物もまったく同じ方法をとっています。ミミズでもカイチュウでも、円柱形の動物の体壁中には、コラーゲンの繊維が交叉するように走っており、これが体を巻きしめて補強しています。われわれの血管の壁にも、やはりコラーゲン繊維の交叉螺旋が見られます。

なぜ斜めに交叉した螺旋になるように繊維を巻きつけるのでしょうか？　たんにこぶができないようにするなら、周方向が弱いのですから、繊維を輪にして補強すればすむはずです。ちょうどビヤ樽にたがをはめる要領です。ただしそれだけでは繊維の輪がバラバラになるおそれがありますから、軸方向にも繊維を何本か配置し、これで輪を結びつければ、より良くなるでしょう。こうすると繊維は周方向と軸方向に走っていますから、繊維同士が九〇度で交わる直交系の繊維システムになります。ところが直交系は生物界にはまったくといっていいほど見られません。

直交ではなく斜めに交わる交叉螺旋系にするのには、意味があります。直交系の最大の欠点は変形できないことです。たがははまっているのですから太くはなれません。長軸方向にも繊維が走っているのですから、長くもなれません。体を太くしたり長くしたりしようとすれば繊維が直接引き伸ばされ、繊維はそれに強く抵抗するからです。では曲がることはできるかというと、それはできるのですが、スムーズにはいきません。突然カクンと一カ所で折れ曲がってしまいます（図4－6）。アルミ缶を折り曲げた時のような感じで、

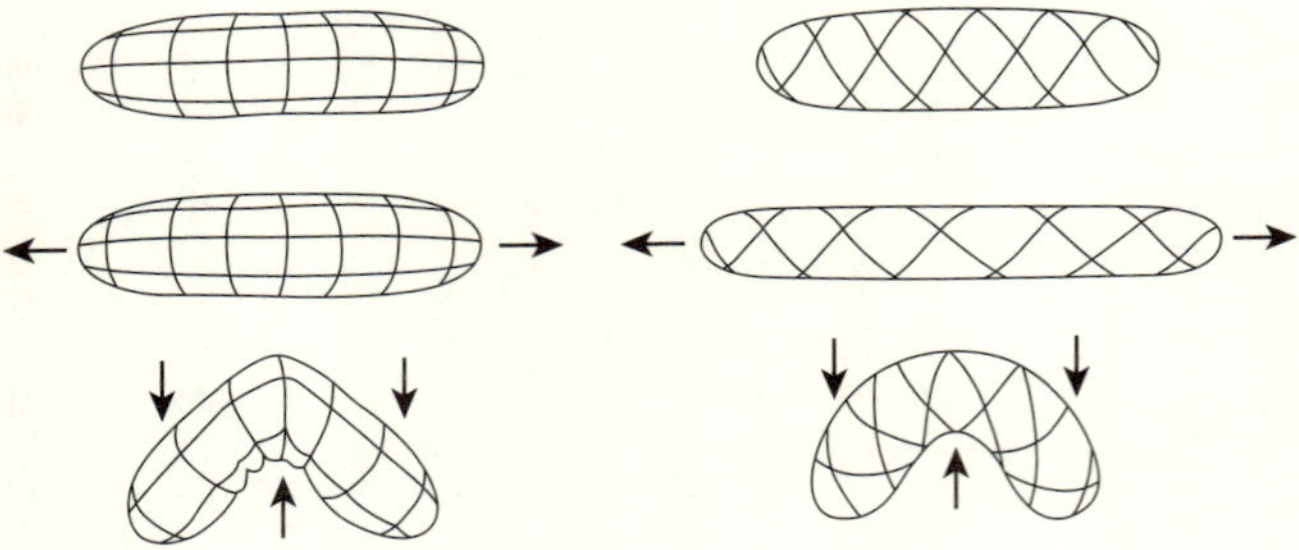

図4-6　交叉螺旋系（右）と直交系

曲がったところはボコボコのシワになります。こういう突然カクンと曲がる曲がり方をキンクと呼びます。直交系では曲がる動きがスムーズにいかず、曲がった形もスムーズではありません。

一方、交叉螺旋系ではしなやかに変形できます。太くもなれますし細長くもなれます。繊維が直接引っ張られることはないからです。太くなる時には繊維の交叉する角度が大きくなり、長くなるときには逆に交叉角度が小さくなります。交叉螺旋系では曲がるのもスムーズにいきます。だからしなやかに体を変形させ運動する必要のある動物では、交叉螺旋の補強法が採用されているのです。

おもしろい例外があります。ペニスです。これは直交系なのです。コラーゲン繊維が周方向と軸方向とに直交するように走っています。ペニスは働く時には中に水（血）の詰まった円柱です。曲がらずに硬くまっすぐでなければ用をたしません。変形しないものは交叉螺旋である必要はないわけで、じつは曲げに対する抵抗は直交系の方が大きいのです。これは妙齢の女性研究者がアルマジロのペニスで研究した結果わかりました。

ヒトをつくる骨組み構造

私たちの体の形を決めているのは骨格ですが、骨の多くが細長い円柱形をしています。細長い骨が組み合わさって私たちの体の形ができているのです。そしてこの骨組みが、外から加わる力に抵抗して体の形を保っています。私たちの骨格は長い梁と柱とが組み合わさった骨組み建築と同様のものとみなすことができるものです。ちなみに柱も梁も細長い棒ですが、垂直に立っているのが柱、水平のものが梁。より正確に言えば、圧縮力のかかるものを柱、曲げの力の加わるものを梁と呼びます。

骨組み建築では柱と梁とが力を支えます。家を建てる時、柱が組み上がった時点で上棟式をして祝いますが、これは骨組みさえできてしまえば家は建ったようなものだという意識の表れでしょう。骨組みさえしっかりしていれば家はつぶれません。

私たち脊椎動物でも事情は同じです。長い骨と骨とが組み合わさって体を支えています。ただし建築物では柱と梁とはお互いに動かないようにガッチリと留められていますが、脊椎動物では骨と骨とのつなぎ目が関節になっており、互いに動くことができます。同じ骨組み構造といっても、こちらは動けるので「動的骨組み構造」とでも呼べるものです。

骨と骨とが動けるといっても、もちろんバラバラにならないように、骨同士はしなやかな紐により結びつけられています。この紐が靱帯です。靱帯はコラーゲン繊維でできています。さらに筋肉も骨と骨とをつないでおり、この筋肉の収縮により関節での運動が起こりますし、逆に関節を動かないように固定して姿勢を保つこともできます。

建築の主流は骨組み建築とレンガ積み建築です。ただし日本ではレンガ積みの家はほとんど見られません。理由の一つは気候。風通しの問題でしょう。骨組み建築では柱が力を支えていますから、壁はなくてもさしつかえありません。襖《ふすま》も障子《しょうじ》もとりはらった夏の日本家屋は、まさに柱だけのようなものです。目隠しにすだれでも下げて「吹けよ川かぜ上がれよすだれ」となれば、蒸し暑い日本の夏もしのげます。寒くなったら障子を入れ雨戸をたてればよいのです。レンガ積みではこうはいきません。レンガや石を積んでつくった壁が力を支えているのですから、壁をとりはらうわけにはいかないのです。窓の大きさも、ほどほどにおさえる必要があります。

レンガ積みが日本で見られないもう一つの理由は、地震に弱いからです。骨組み構造なら長い柱はしなうことができますし、梁と柱の継ぎ目も、ある程度はガタガタ動くことができ、倒壊せずにすみます。ところがレンガ積みでは、レンガがただ積み上げてあるだけなら、揺すればバラバラになりますし、レンガをしっかり貼り合わせて壁にしてあれば、壁はまったくしなうことができませんから、途中で折れるか全体がバッタリ倒れるかしてしまいます。日本にもレンガ積み構造がふつうに見られるものがないわけではありません。お墓です。これは地震で倒れるものの筆頭格でしょう。

骨組み構造は動きに強い構造です。脊椎動物は動物の中でも特に良く動くものですが、これが骨組み構造をとっているのは納得のいくことです。脊椎動物ではさらに工夫を加え、骨と骨との間を関節にすることにより、より動きに適したものに仕上げています。

簡単につくれるレンガ積み構造

レンガ積みには地震に弱いという欠点こそあるのですが、ひじょうに優れた建築法なのは間違いありません。古来、人びとに愛用され続けてきました。最大の長所は、何といっても工法が簡単なことです。同じ規格の石やレンガをどんどん積み上げていけばでき上がってしまうのです。

一方、骨組み構造となると、必要な部品がそれぞれ異なります。その部分部分にあった長さや太さの柱を用意しなければなりません。また柱と梁のつなぎ目は工夫を要します。高い柱をはじめにどうやって立てるかもむずかしいところです。建物が大きくなれば、それに見合う長くて太い柱の調達も問題になってきます。こんな心配はレンガ積みにはありません。ひたすら積み上げていけば良いのですから、古代でもこの方法で巨大なピラミッドをつくることができたのです。

生きものでレンガ積み構造といえば、木が代表です。おや？　と思われるかもしれませんね。木の柱といえば、それこそ骨組み建築の代表的な材料。なのに木はレンガ積み構造とは、いったいどういうことなのでしょうか。そのことを少しお話ししてみましょう。

脊椎動物には、はっきりとした骨格系があります。ところが木や草を折って中を見ても、骨格系と呼べるほどの、はっきりした構造は見あたりません。では何が植物の体を支えているのかといえば、一個一個の細胞です。植物では体をつくっている細胞が硬いセルロースでできた箱の中に入っており、この箱が積み重なって植物の体ができています。細胞一個がレンガ一個に対応し、レンガで埋め尽くされた構造物が植物とみなせるのです。

動物と違い植物細胞は、細胞膜の外側に、細胞膜より格段に厚くて丈夫な壁（細胞壁）をもっています。壁はセルロースの強い繊維が螺旋状に巻いてできた丈夫なもので、その繊維がさらにリグニンで固められています。植物細胞は水を吸ってふくれ上がり、細胞壁を内側から押します。そのふくれ上がろうとする圧力を、この壁が押さえつけています。つまり空気を目いっぱい入れてパンパンにふくれたタイヤのような状態が植物細胞なのです。これなら上から大きな力が加わってもつぶれません。このような細胞が積み重なって植物の体ができています。

レンガ積み構造は長所がいろいろとある建築法です。動きに弱いという欠点は、木は動きませんから問題になりません。レンガ積みの大きな長所は、つくるのが簡単で安上がりなことです。同じ規格品をどんどんつくって積んでいくだけですから、つくり方も楽だし、つくるコストも下げられるでしょう。同じコストならば大きな構造物を無理なくつくれると考えられます。

大きくする工夫

植物は状況が許せば、できるだけ大きくなりたいもののようです。大きければよりたくさん日光を集められますし、他のものの陰になる心配もありません。植物は日光を「食べて」生きていますから、大きい体は、より多くの「食物」を集められ有利になるのです。安上がりに大きい体をつくれるレンガ積み構造は植物にとって都合のよい構造です。

ただし同じレンガ積み構造と言っても、工夫すればより安上がりに大きい体をつくれるかもしれません。体を大きくするには、どうすればよいでしょうか？　たくさんレンガを積めばいいわけですが、レンガの個数を増やせば、それだけレンガをつくる費用も積む手間もかかり、結局、建設費がかさむことになります。

一つの工夫はレンガ一個のサイズを大きくすることです。巨大なピラミッドをつくるのに、小さなレンガは使いません。城の石垣だって大きい石を積んでいきます。細胞のサイズを大きくすれば、同じ数だけ積んでも、より大きい体をつくれます。だから大きい体をつくる上で、手間が節約できると思われます。

細胞を大きくするためには、細胞の中味を増やさねばなりません。細胞の中味といえば細胞質ですが、細胞質をつくるには手間とエネルギーがいります。これを正直につくっていたのでは、小さいレンガをたくさん積んで大きくする方法と同量の細胞質をつくることになり、この点では変わりがないことになります。そこで植物がとった方法は細胞の中に詰め物をして、細胞のサイズを大きくすることでした。いわば「上げ底」作戦です。植物細胞には液胞という水の詰まった大きな袋が存在しますが（図4－7）、これが詰めものにあたります。ただの水ですから、つくるのに手間も費用もかかりません。こういう詰めものを使えば簡単に大きな細胞がつくれ、結局、大きな体が安上がりにつくれることになります。液胞は膜に包まれた水です。簡単に大きなスペースを確保できるという膜構造の利

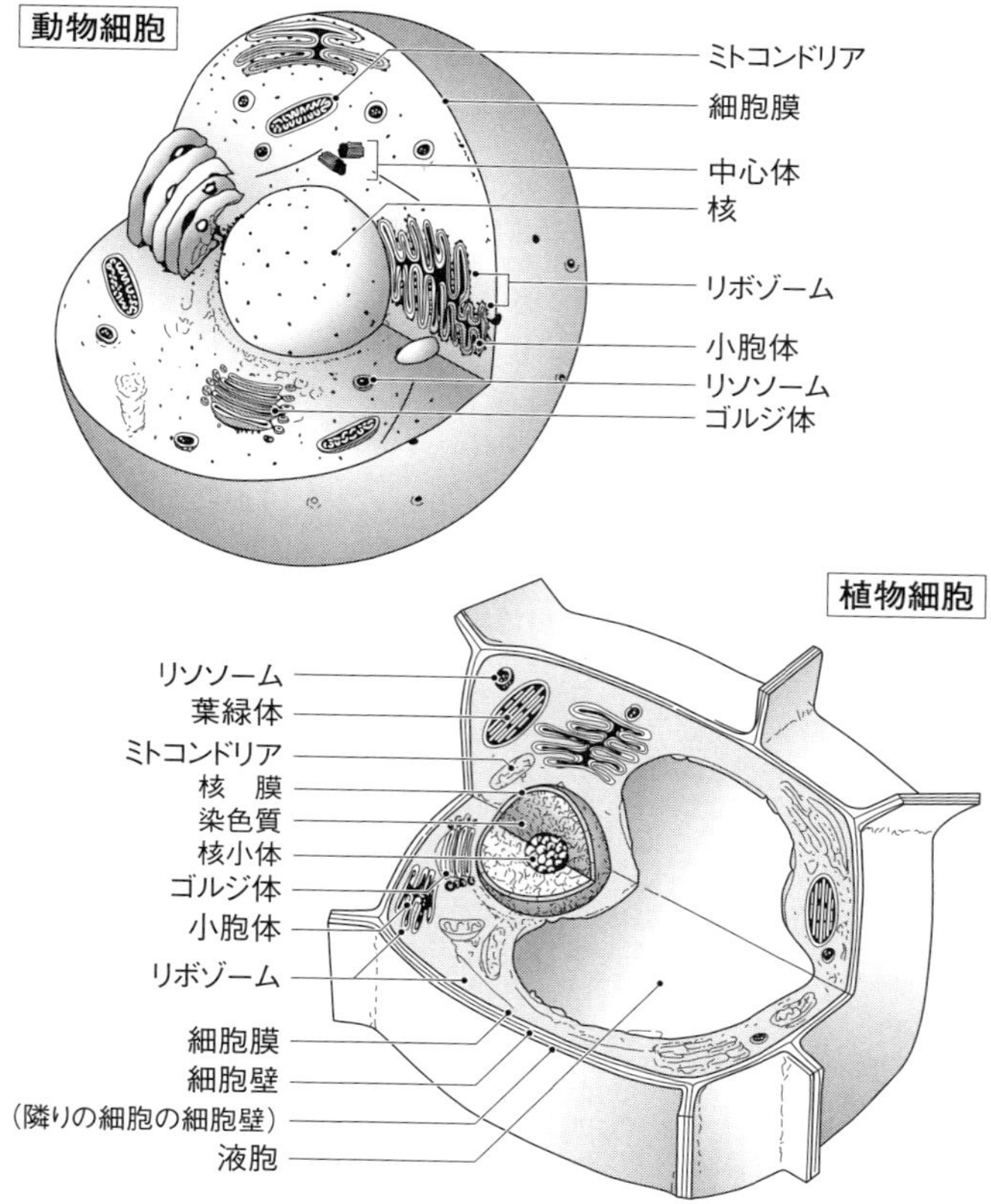

図4-7　植物細胞と動物細胞の違い（左手前を切り取って中が見えるようにしている）。教科書にはよくこのような図が載っているが、現実には動物細胞と植物細胞とで、細胞のサイズは大いに違う

点を、植物はこんなところで使っています。

植物細胞は動物細胞よりずっと大きく、体積が一〇〜一〇〇倍もあります。植物では、細胞は分裂した後に体積が何十倍にも大きく成長します。動物細胞では、ふつうはこれほどの成長は起きません。成長しきった植物細胞を顕微鏡で見ると、細胞の中央部は大きな液胞で占められており、細胞質はごく細い糸のようになって壁のへりに押しつけられている感じに見えます。

植物細胞は分裂して生まれたばかりの時はサイズも小さく、液胞をほとんどもっていません。細胞が成長していくにつれ、大きな液胞をもつようになります。このサイズの大きさが、レンガ積み建築において安上がりに体を大きくすることに役立っています。

植物の体はレンガ積み構造とみなせるものですが、植物細胞一個を見れば、これは硬い殻ですっぽり包まれたものですから、外骨格をもっているとも言えます。先ほど外骨格をもつものは貝であれ昆虫であれ、成長に苦労するという話をしました。植物細胞も硬い細胞壁の箱に入っていて、なおかつ成長しますから、やはり同じ問題を抱えているはずです。

これに対する植物細胞の解決法は、いかにも生きものという感じのやり方です。成長するときには植物ホルモンであるオーキシンを働かして細胞壁をやわらかく伸びやすくしてしまうのです。伸び終わったらまた細胞壁は硬くなります。なんとなくナマコみたいですね。これなら外骨格をもっていても成長できます。細胞壁をつくっている建築材料の硬さが必要に応じて変わるわけですから、これはまさに頭の良い材料（知能材料）と呼べるものでしょう。

セルロースとリグニン

細胞壁はセルロースの繊維が、多糖類でできたゲルの中に埋まった構造をしています。セルロースはグルコース（ブドウ糖）が千個〜一万個もつながった細長い線状の高分子で、これが束になって繊維となり、これがペクチンやヘミセルロースのような多糖類でできたゲルの中に埋まっています。硬い繊維がゲルの糊で貼り合わされているようなものです。

セルロース繊維は引っ張りに強く抵抗し、ちょっとやそっとでは伸びません。細胞はこの繊維で螺旋状に巻き締められているのですから、成長の際にどうするかが問題になるわけです。じつは若い細胞では繊維はほぼ細胞の長軸のまわりをぐるぐると長軸に対して垂直に近い角度のきつい螺旋を描いてとり巻いています。細胞壁が伸びるときには、繊維を貼り合わせている糊がさらさらになって、螺旋は引き伸ばされて間のびした螺旋になっていきます。これはコイル状のバネを、引き伸ばすのをイメージすればいいでしょう。最初はバネがぎゅっと圧し縮められたようになって固められていて、バネを固めていた糊がサラサラになると、バネは伸びることができ、引き伸ばされるに従い、螺旋がゆるく間のびしたものになっていきます。鉄や繊維という硬くて伸びにくい材料で巻き締めていても、こんなふうにすると、コイル全体が伸びることが可能になるのです。ただしコイルの径は変わりませんから、成長にともない細胞の太さは増えずに長さが伸びることになります。

同じ植物でも木の場合には細胞壁にさらにフェノール系の物質であるリグニンが付け加わって木化します。フェノール系の化合物は接着剤として私たちも使っていますね。これでセルロースの繊維の間を硬く固め接着します。木化すると、細胞壁はちょうど鉄筋コンクリート製の硬い殻にたとえられるものになります。鉄筋コンクリートでは鉄筋という細長い「繊維」が引っ張りの力に抵抗し、コンクリートという石の塊が圧縮の力に抵抗して形を保ちます。大変強いものですから私たちは建築材料として愛用しているのですが、それと同じように、細胞壁においてはセルロース繊維が引っ張りの力に、リグニンが圧縮の力に抵抗し、とても強く硬い殻となっています。

草のように細胞壁がリグニンで固まっていないものでは、ちょうど繊維で補強された膜と同じで、細胞内の水が抜ければ細胞はしぼんでしまいます。だから水をやらない草はしおれてしまうのですが、木の場合は細胞の内側から水圧で押していなくても、細胞壁が硬いので細胞は形を保っていられます。水不足になっても、さらに死んで水の抜けてしまった細胞もつぶれることなく、生きていた時と同様に、力を支えます。リグニンには木を腐りにくくする性質もあり、おかげで死んだ後にも細胞はずっとレンガの一個として残り、木の大きな体を支える役に立ち続けることができます。老齢の大木では、生きた細胞はごく一部だけというのは、ごく普通のことです。

安上がりに手っとり早く大きくなった細胞。これがあれば、植物は少ない出費ですばやく大きな体をつくることができます。レンガ積み構造では細胞が大きいことは体の大きさと直接結びつき、体が大きいと光をたくさん受けて、さかんに光合成ができるようになります。大きい細胞は、植物にとって大いに益のあることなのです。

動物細胞のサイズ

動物においては、体が大きい方が無条件に良いというわけではありません。それに動物は骨組み構造ですので、細胞の大きさと体の大きさとの間には、直接の関係は存在しません。だから動物は植物と違い、細胞のサイズを大きくする工夫は必要なかったのでしょう。動物細胞は植物のものに比べてずっと小形です。では動物細胞の大きさは何によって決まっているのでしょうか？

動物細胞が小さいのには、それなりの意味があるようです。細胞が生きていくためには、酸素や栄養物が細胞のすみずみまでいきわたる必要があります。これらは細胞の表面を通して外から補給されますので、表面から中心まで栄養を運ばねばなりませんし、逆に細胞の中心部からはＲＮＡ（リボ核酸）や酵素が周辺に向かって運ばれていく必要があります。植物の場合には特別な輸送系があり、細胞の中味が流動してぐるぐる回っているのが顕微鏡で観察できます。これが原形質流動です。これには、私たちの筋肉で働いているのと同じタンパク質（アクチンやミオシン）がかかわっており、輸送にはエネルギーが必要です。

動物細胞はこのような輸送系をもっていません。細胞のサイズが小さければ、特別な輸送系は必要ないからです。酸素であれグルコースなどの栄養物であれどんな分子でも、濃度の濃い方から薄い方へとジワジワとひとりでに分子は移動していきます。これが「拡散」という現象です。輸送する距離が短かければ、この拡散だけで輸送は十分まかなえます。だから細胞のサイズを小さくしておけば、特別な細胞内輸送系をつくる手間やコストを削減できるのです。動物は植物と違い、細胞のサイズを大きくしても建築上の利点はないのですから、細胞のサイズを拡散で間に合う程度の大きさに抑えておくと、余計なコストがかからず得になります。

私たち人間の体は約六〇兆個の細胞でできていると言われています。体重が六〇キログラム程度ですから、細胞一個の重さは約一兆分の一キログラム。細胞はほとんどが水なので比重を一とすると、これは一辺が一〇マイクロメートルの立方体に対応します（一マイクロメートルは千分の一ミリ）。このくらいが平均的な細胞の大きさです。

これは私たちヒトに限ったことではありません。細胞の直径はどの動物でも一〇マイクロメートルほどで一定です。十分に成長した植物細胞の五分の一以下。この一〇マイクロメートルという数字が、拡散でまかなえる大きさの上限を示しているのではないかと私は考えています（動物でも、卵のようにたくさんの栄養をためておく必要のある細胞や、神経のように長い必要のある細胞では、一〇マイクロメートルよりずっと大きな細胞もみられますが、これらは細胞内の輸送系をもっています）。

植物はレンガ積み、動物は骨組み、という話をしてきました。建築法の違いが、細胞の大きさやつくりにも反映しているのです。

群体性の動物たち

動物の仲間にもレンガ積みを採用しているものがいます。レンガ積みは動くものには適さないのですが、動かないものにとっては優れた建築法ですから、動かない動物には、この建築法を使うものが見られます。サンゴやコケムシ、ホヤの仲間、海底に固着して動かない動物たちです。これらでは、多くの個体が集まって群体というまとまった構造物をつくる場合がよくあります。

群体は一匹の個体からはじまり、それが体を二分割したり、体から芽をだしたりして、自分のまわりに自分そっくりの子をどんどんつくっていきます。親子は、体の一部はつながったまま。こういうものが群体です。すべてが一匹の親から無性生殖により生まれたものですから、遺伝子はまったく同じ、つまりクローンです。

植物の場合、細胞がレンガ一個に対応していましたが、群体の場合、動物の一個体がレンガ一個に対応します。サンゴもコケムシもホヤも、体のまわりに硬い壁を分泌し、このような壁に囲まれた個体が積み重なって木の枝の形や塊状やシート状の群体をつくっています（図4-8）。

サンゴやコケムシは炭酸カルシウム（つまり石灰岩）の外骨格の硬い殻にすっぽり包まれています。個体は殻構造をしているのです。殻構造をもったものはどうやって成長するかが大問題でした。昆虫は小さくなった殻を脱ぎ捨てて大きい殻を新たにつくりますし、貝は殻を対数螺旋にするというふうに、それぞれが工夫してこの問題を解決しています。これらに対しサンゴやコケムシの対応の仕方は、発想の大転換という感じのものです。成

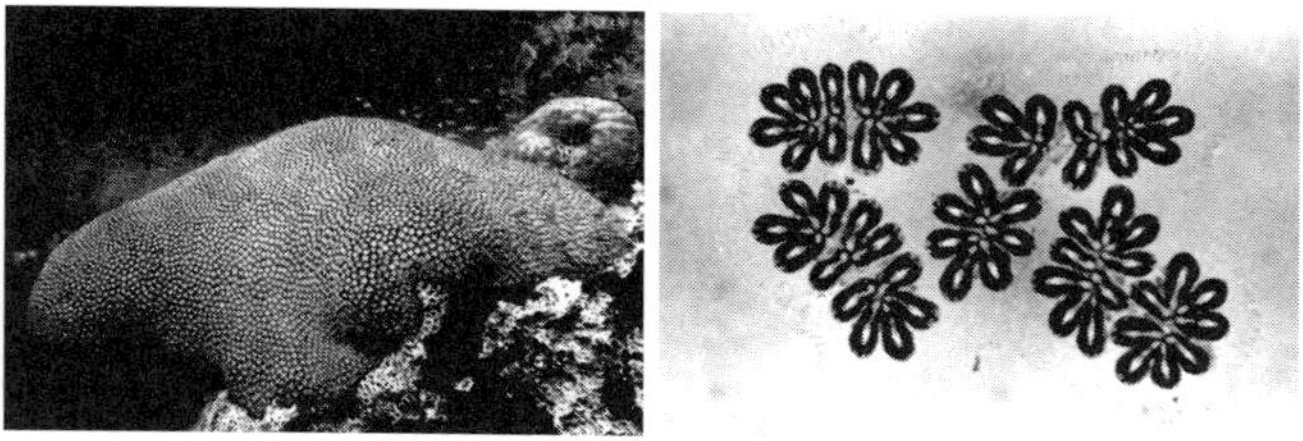

図4-8　群体性の動物、サンゴ（左、ダイオウサンゴ）とホヤ（右、ウスイタボヤ）。丸や楕円に見えているものが個体（個虫）で、それが集まって群体をつくる（ホヤの写真、仲矢史雄氏提供）

長するのが困難なら、個体としての成長はやめよう、数ミリ〜一センチメートル程度で成長はやめて、新たに自分と同じものを隣につくり出し、群体として成長しようというやり方です。個体をレンガ一個とし、これをどんどんつくって積み上げて大きいものをつくっていくのです。サンゴでは、このようにして直径が一〇メートルもある群体に成長する例が見られます。

サンゴは光のよく当たる海底に固着して生活しています。サンゴは体の中に褐虫藻《かっちゅうそう》という小さな単細胞の植物（藻類）を共生させており、この藻類が光合成でつくり出した食物を分けてもらって生活しています。共生している褐虫藻の量はかなりなもので、多いときにはサンゴの組織量とほぼ同量の褐虫藻が、サンゴの体の中に住んでいることがあります。サンゴは動物ですが、半分植物とも言えるもので、光のないところでは、ほとんど成長できません。だから植物のように日当たりの良い海底に固着しているのです。

コケムシやホヤの場合も自分で動き回ることはせず、やはり海底に固着して生活しています。彼らの食物は水の流れに乗ってくる海水中の微小な粒子で、これを捕まえて食べます。地上では餌が向こうからどんどんやってきてくれることは、ほとんどありません。ところが水の中では浮力が働くので、生物の分解した有機物の塊もすぐに沈むことなくフワフワただよっていますし、プランクトンのように泳ぐ能力のあまりない小さな生きものたちも、たくさん水中に浮遊していますから、流れのあるところで網を張って待っていれば、食物が向こうからやってきてくれるのです。餌を求めて動き回らなくてもすみ、♪待ちぼうけ♪でも暮らしが成り立ちます。

サンゴやコケムシのような生き方なら、あくせく動き回らなくてもよく、ずいぶんと楽なものです。ただしこれは危険な生き方でもあるのです。光の当たるところや流れのあるところは陰になるもののない開けた場所ですから、こんなところに動かずじっとしていれば、捕食者にすぐに見つかってしまいます。彼らが硬い殻をもち、身を守っているからこそ、こういう危険な状況下でも生きていくことができるのです。

群体になることも、このような危険への有効な対処法と考えられます。群体とは同じ個体がたくさんあることですから、いわばスペアとしての分身をたくさんもっているのであり、たとえ分身のほとんどが捕食者に食べられてしまっても大丈夫。生き残ったものから、また群体を再生していけばいいわけで、群体とは逃げることのできない固着性の生物にとって都合の良い体制なのです。

同様の議論は植物にもあてはまるでしょう。植物も地面に固着しており、動物に食われる危険に常にさらされています。セルロースでできた硬い殻は、体を支えるとともに、食われないように体を守っているのです。植物は群体ではありませんが、硬い殻をもった同じユニットが積み重なっているという点では群体性の動物と同じですから、捕食に強い構造と言えます。ちょっとかじられても大丈夫。植物は強い再生力をもち、細胞一個からでも体すべてを再生することができます。

レンガ積み構造は捕食に強く、逃げることのできない固着性の生きものにとって、うってつけの構造です。長所はこれだけではありません。レンガをどんどん積んでいけばいいのですから、全体の形をかなり自由につくることができ、形の手直しも簡単です。固着性の生きものは住み場所の変更がききません。日当たりの良い場所に歩いて移ったり、風が強くなったら穴に隠れるというわけにはいかないのです。でもそのかわり、体の形を変えて光を受けやすくし、また風の力をかわすことができます。木は光の方向に枝を伸ばしますし、風の強い山腹などでは、風下に向かって這うように枝が伸びていきます。形を変えることにより、環境に適応するのです。形をかなり自在に変えられるのは、レンガ積み構造をとっているからでしょう。木と同様、サンゴでも光の方向に枝が伸びていきますし、またある種のサンゴでは流れの方向に枝がそろい、流れの抵抗を減らして破壊の危険を少なくしています。

動けるものたちは場所を選ぶ自由度は高く、動くことにより環境に適応します。そのかわり体の形は最初から決まっており、形の自由度は少ないのです。一方、植物をはじめとする固着性のものは場所の自由度が少なく動けないけれど、形の自由度は高く、体形を変えることにより環境に適応していると言っていいでしょう。

モジュラー構造

同じユニットが組み合わさってできた構造を一般に「モジュラー構造」と呼んでいます。ユニットの一個をモジュールと言います。レンガ積み構造はレンガがモジュールです。木は細胞がモジュール、サンゴ群体はサンゴの個体（個虫）がモジュールです。木やサンゴはモジュラー生物だ、というような言い方もします。このモジュラー構造が、機械の設計者の間でちょっと注目されています。

今の機械は人間が組み立ててつくり、壊れたらやはり人が修理してやらねばなりません。でももし機械が自分自身を組み立て、壊れたら自分自身で直すようになれば、これはまさに夢の機械ですね。それを開発しようという試みがなされています。やり方はいろいろあるようですが、いずれの場合も、部品を一種類に限定しています。つまりモジュラー構造にするのです。モジュラー構造だと簡単につくれ、また簡単に直せるからです。

植物があれだけ虫やヒツジに食べられてもすぐに再生できるのは、モジュラー構造のゆえです。枝一本からでも木になりますし、なんと体を細胞にまでバラバラにしてしまっても、また体全体をつくりあげることが可能です。一方、いかにゴキブリでも脚一本から体全体が再生するなんてことはありません。

私たちの体のように、細胞の種類がたくさんあってそれぞれが特殊化しているものは、体としては高機能で効率のよいものがつくれるのですが、保守が大変で、弱い製品とも言えます。人間の寿命はせいぜい一二〇年。縄文杉の何千年という寿命との違いは、そもそも、この体の設計思想の違いに由来するのかもしれません。

サンゴの群体には、何百年も生きて大きくなったものが知られています。サンゴ個虫そのものはそんなには生きないのですが、個虫の死んだ殻はそのまま残り、群体の大きな形を維持するのに役立っています。この点は木と同じです。大きな体は光合成に有利になります。こんなふうに見てくると、植物の個体といっているものは、ひょっとしたら群体であり、植物細胞一個が動物の個体に対応するのではないかと思いたくなってしまいます。植物はかなり群体に近い体制をもっていると見ていいと思われます。だから個体といっても、われわれのようなよく動く動物と、植物やサンゴのような動かないものとでは、個体の概念がずいぶんと違うものなのでしょう。寿命だってそうです。

動物と植物、動くか動かないかということで、体のつくり方が大きく違っているのがわかります。動物と植物とでは同じ生物といってもずいぶん違って見えますが、目につく違いのほとんどは、動くか動かないかという点から由来したと考えて良さそうです。そこで次章では「動くこと」を話題として取り上げましょう。

第5章
動物は動く

動物は食うために動く

「動く物」と書いて動物。動物のもっとも動物らしいところは、動くところです。本章では動くためのデザインを見ていくことにしましょう。

なぜ動物は動き回るのでしょうか？　まず第一に餌を手に入れるためです。動物は自力で食べものをつくり出すことができません。だから食物を求めてうろつくことになります。

一方、まっすぐに立っている物と書いて植物です。立ったまま動きません。植物は炭酸ガスと水とから、太陽のエネルギーを使って食べ物をつくり出すことができます。日なたぼっこしていれば食物が手に入るわけですから、動き回る必要はないのです。

もちろん、食物を手に入れる以外にも動くことはかかわっています。他のものの食べものにならない、つまり逃げるために動くということもあるでしょう。でも、これは食われないように頑丈な殻をもったり体に毒を蓄えたりすれば、動かなくてもなんとかなります。植物はそうやっています。動くことには子孫を広くばらまくという意味もあります。自身で動けない植物は風や動物に花粉や種子を運んでもらいます。動物も敵が来たら逃げ、また異性を求めてうろつきもしますが、動物が動く最大の目的は食物を得るためです。

先に、生きものは水でできているという話をしました。これは分子のレベルで見た話です。では細胞というレベルで見るとどうなのでしょうか。動物の体はさまざまな種類の細胞でできていますが、その中で主だったものといえば筋細胞です。私たちを含め哺乳類では、骨格筋の筋細胞一種類だけで、重さにして体重の四五％を占めているのです。骨格筋とは骨を動かすことにより、外界に対して運動するための筋肉です。筋肉にはこの他にも体の内部で動いている腸や心臓や血管の筋肉もありますから、これらを足せば、体の半分以上は筋肉で占められています。大ざっぱに言えば、体とは筋肉でできているものなのです。そして筋肉は動くためのものですから、まさに私たちの体は動くためにつくられていると言っていいものでしょう。

四五％が筋肉！　動くために私たちがいかに多くの投資をしているかがわかる数字です。投資は筋肉のような直接動くためのエンジンだけではすみません。餌がどこにあるかを見つけるためには、眼や耳や鼻などの感覚器官が必要ですし、感覚器官からの情報を判断し、筋肉をたくみにあやつる脳をはじめとする神経系も必要です。動物では他のものと競争してより早く餌を手に入れるために、筋肉も感覚器官も神経も進化してきたのです。一方、植物には眼も鼻もなく、筋肉もないし脳もなく無神経ですが、それは、こんなものをもつ必要がないからです。サンゴやホヤやコケムシのような、あまり動かなくてすむ動物たちにも、発達した神経系や感覚器官はありません。

骨格筋は紐の束

骨格筋とは骨にくっついている筋肉です。私たち脊椎動物は、骨格筋の働きにより骨を動かして運動します。上腕二頭筋（力こぶをつくる筋肉）、腓腹筋《ひふく》筋（ふくらはぎの筋肉）などと名前がついていますが、これらは細長い細胞（筋細胞）がたくさん平行に集まって束になったものです。

細長い一本の筋細胞の中を見ると、これもまた細い繊維が平行にギッシリ詰まってできていることがわかります（図5−1）。この繊維が筋原繊維と呼ばれるもので、太さは千分の一ミリ。もちろん顕微鏡を使わなければ見えない太さです。筋原繊維を電子顕微鏡を用いてもっと拡大して見ると、これもまた、さらに細い繊維の束からできていることがわかります。繊維には太いものと細いものとが区別でき、この二種類の繊維が平行に重なり合っています。太い方の繊維がミオシンというタンパク質でできています。太いといっても直径が十万分の一ミリ程度。細い方の繊維はさらにその半分ほどの太さで、こちらはアクチンというタンパク質でできています。

ミオシンの太い繊維とアクチンの細い繊維とは整然と並んで一つのユニットをつくっており、このユニット（筋節）がつぎつぎとつながって細長い紐になっています。一つの筋節は両端が膜で仕切られていて、その膜（Z膜）に細い方の繊維の一端がくっついていま

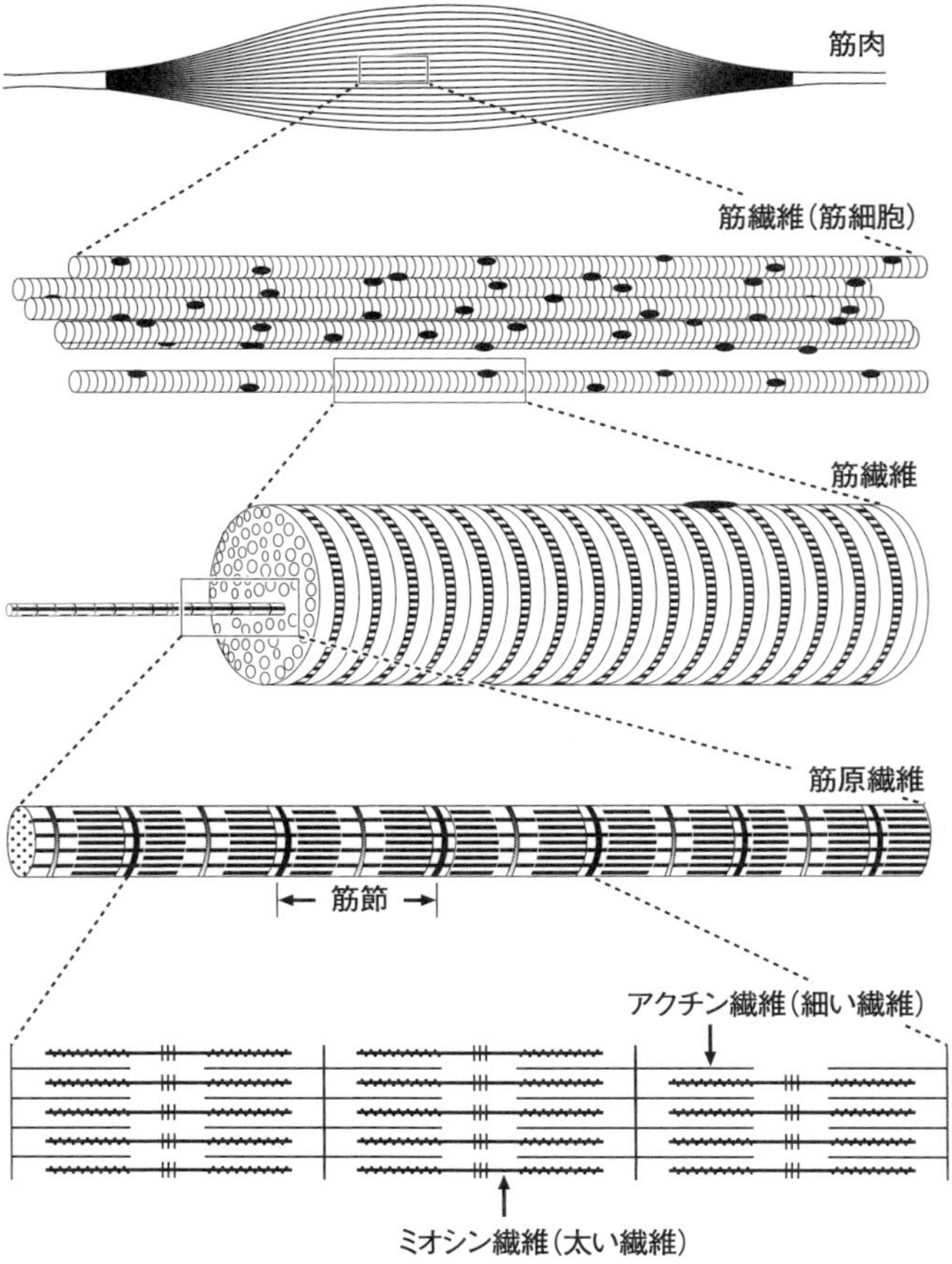

図5-1　骨格筋の構造。最下段の図のアクチン繊維もミオシン繊維も太目に描いてあるが、実際はずっと細長い形のもの。筋肉は、分子、細胞、細胞の集合体と、どのレベルで見ても紐である

す。**図5－1**の一番下の図を見ると、筋節両端から中央に向かって平行にアクチン繊維が伸びていますね。筋節の中央の部分にはミオシンの繊維が、やはり水平に並んでおり、ミオシン繊維の束の間に両側からアクチンの繊維が途中まで入りこんでいます。

筋肉の収縮は次のようにして起こります。ミオシンからは「手」がたくさん突き出ており、この手が近くにあるアクチン繊維をつかまえて筋節の中央方向へと引っ張ります。ミオシン繊維の右半分から出ている手は右側のアクチンを左へ動かし、左半分から出ている手は逆に左側のアクチンを右へと動かすのです。だから結局、両側のアクチン繊維が中央へ向かってミオシン繊維の束の間に深く入り込み、左右のアクチン繊維の距離が縮まって、それに引っ張られる形で筋節の仕切りとなっている左右のｚ膜同士も近づき筋節の長さが短くなります。これがすべての筋節で起こるので、筋原繊維の長さが短くなり筋細胞が収縮します。

注目すべき点は、筋細胞は収縮して長さが短くなるにもかかわらず、その原動力となっているアクチンやミオシンの繊維の長さは変わっていない点です。繊維が滑り込んで全体の長さが短くなっているのであり、繊維自身が短く収縮しているわけではありません。望遠鏡やラジオのアンテナのように、細長い要素が滑り込んで短くなっているのです。

このような滑り込む運動には、もちろんエネルギーが必要です。生体内ではＡＴＰ（アデノシン三燐酸《りんさん》）という分子がエネルギー源なのですが、太い繊維をつくっているミオシンがATP分解酵素として働き、ATPを分解して、それから得られるエネルギーで滑り運動を起こしています。

ここまで少々くどくどしく筋肉の構造を説明してきましたが、要約すれば、筋肉はどのレベルで見ても細長い紐状のものでできているのです。筋細胞も紐、その中の筋原繊維も紐、そしてそれをつくっているアクチンやミオシンの繊維も紐です。

ここが重要なポイントです。今までに何度も出てきたことですが、紐というものは引っ張られればピンと伸びて力に抵抗しますが、押す力にはまったく抵抗できません。紐は引っ張った時だけ力を伝えることができるのです。だからミオシンはアクチンの紐を引っ張って手繰り寄せることはできても、いったん手繰り寄せた紐を押して元に戻すことはできません。筋肉は縮めても、自力で伸びることはできないのです。これでは一回縮んだらもうおしまい。ゴムのパチンコは一回撃てば終わりで、また使うには、もう一度引き伸ばしてやる必要があるのと同様、筋肉も繰り返し使ってどんどん動いていくためには、縮むたびに誰かに引き伸ばしてもらう必要があり、自分一人では働けないのです。適当なシステムの中に組み込まれてはじめて筋肉は働けるようになります。

拮抗筋のペア

私たち脊椎動物は、関節に拮抗筋を配置したシステムを用いています（図5−2）。

ご自身の腕を考えてみて下さい。上腕の骨と下腕の骨とがひじのところで関節をつくっていますね。そしてこの関節をまたぐようにして、腕を曲げる筋肉（屈筋）が内側に、伸ばす筋肉（伸筋）が外側についています。屈筋が縮めば伸筋は引き伸ばされます。逆に伸筋が縮めば屈筋は引き伸ばされます。こうして交互に縮んだり伸ばされたりして、腕を繰り返し曲げては伸ばしが可能になっているのです。屈筋と伸筋という互いに反対方向に動かす筋肉がペアになって配置されていますが、このような反対方向に動かすペアになった筋肉を拮抗筋と呼びます。

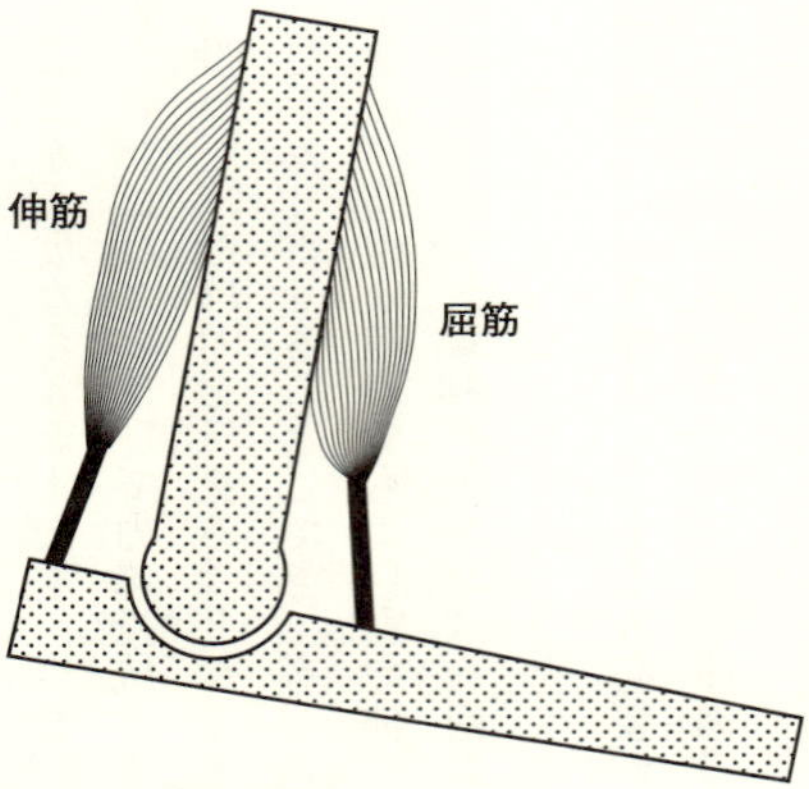

図5-2　関節と拮抗筋

拮抗筋のシステムは筋肉だけではつくれません。骨があるから可能なのです。硬い骨がなければ、拮抗筋の一方が縮んだだけでも全体がグチャッとつぶれてしまい、筋肉はもう働けなくなります。骨があると、筋肉が縮んでも、関節部で曲がりはしますが骨全体の長さは変わらず、縮んだのと反対側の拮抗筋は骨に沿って伸ばされるので、次に働ける状態になります。このように脊椎動物の骨格筋のシステムは、関節をもった骨と拮抗筋とからできているのです。

そもそも脊椎動物は脊椎を進化させたからこの名があり、脊椎はまさにわれわれの「顔」とも呼べるものです。脊椎は体の中心に一本、前後に通っている骨の列です。関節を介していくつもの骨が連なって一本の棒のようになっています。この棒は関節のところで曲がりはしますが、硬い骨でできているのですから、全体としての長さは変わりません。このような「曲がりはするが、長さは変わらない硬い棒」が体の真ん中にあると、その両側に拮抗筋を配置すれば、体を左右に振って力強く泳ぐことができます。脊椎とそれにカップルした拮抗筋のシステムにより、脊椎動物は非常に速く泳ぐことができるようになりました。現在の脊椎動物の繁栄は、まさに脊椎の進化にかかっていたのです。

長骨はてこの原理

私たち陸上の脊椎動物は、円柱形の長い脚を発達させました。前肢や後肢の細長い骨を長骨と呼びますが、長骨でできた長い脚により、私たちは「てこ」の原理を使って速度を増幅して速く走れるようになったのです。

ここでてこの復習をしましょう。図5－3を見て下さい。

てこといえばふつう、重い物を小さな力で持ち上げるのに使いますね。上の図のように、棒の左端を支点とし、棒の途中に物をのせ、右端を持ち上げれば直接物を持ち上げるよりも小さい力で持ち上げられます。てこにより力を増幅できたことになります。これがふつうの使い方ですが、違った使用法もあります。さっき物をのせたところを、今度は手で持ち上げることにしましょう（下の図）。すると棒の右端は手を動かした距離よりも、ずっと大きく動きますね。動きが大きく、かつ速く動きます。だからこのようにすれば、てこは距離の増幅や速さの増幅にも使えるのです。

脚の場合は、てこを速さの増幅に使っています。関節部が支点になりますから、長骨のできるだけ関節に近い部分を筋肉で引っ張れば、骨の先端は、実際の筋肉の収縮速度よりずっと速く動きます。だから速く走れることになるわけです。

関節にできるだけ近い部分を動かすには、骨のその部分に筋肉の一端を付着させて引っ張ればよいのですが、ここで問題が生じます。手足を触ってみればわかるように、筋肉は結構ど太いものです。これがそのままべったりと骨にくっつくとなると、そうとう広い付着場所が必要で、関節のごく近くだけでは納まり切りません。関節から離れた部分にも付着せざるを得なくなって、てこの増幅率が落ちてしまいます。そこで一工夫必要になります。

骨格筋の解決法はこうです。筋細胞の端に細くて強い紐を結び付け、この紐を束ねて関節近くで骨の一点に付着させています。この紐が結合組織でできている「腱」です。筋細胞は腱を介して骨につながっており、筋肉が骨に直接付着してはいません。

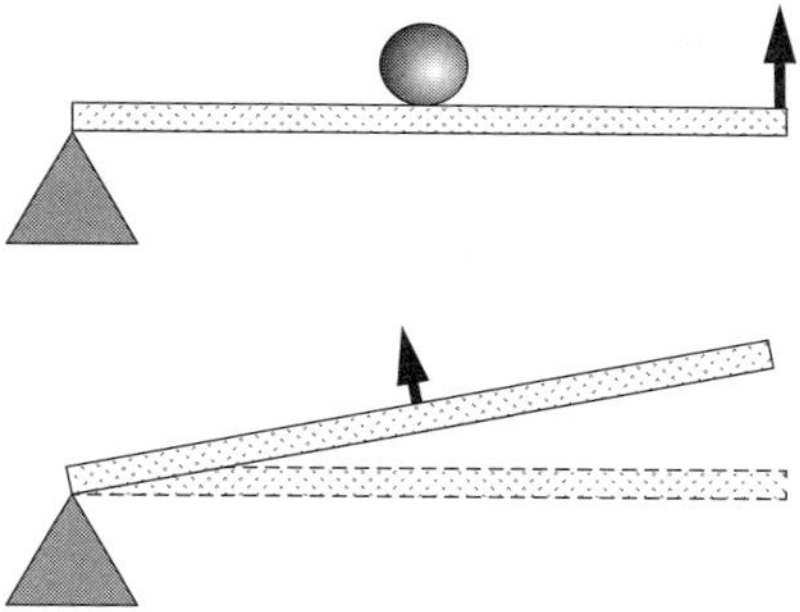

図5-3　てこは力の増幅（上）にも、速度の増幅（下）にも使える

なぜこうすると良いのかは、重い石を大勢で動かす場合を考えてみればわかりやすいでしょう。人が石にとりついて直接押そうとしても、石の面積には限りがありますから、全員が押せることにはなりません。そこで石に太くて長い綱を結び付けて、この綱を引くようにすれば全員が仕事に参加できます。人数がもっと多い時には、この太い綱に、さらにたくさんの細い綱を結び付けて、この綱を一人ひとりが引っ張ればいいでしょう。

私は長いこと沖縄に住んでいました。沖縄の秋の名物は大綱引きです。私が仕事場にしていた瀬底島という小さな島でも、島民総出で綱引きをやります。島の目抜き通りに（といっても農協の売店の他に何軒か小さな店があるだけですが）、ひと抱えもある大綱が置かれます。この綱には細い綱がたくさん結び付けられており、これを一人ひとりが握って綱を引くのです。この綱私も元気なオバア（おばさまのことを沖縄ではこう呼ぶ）たちにもみくちゃにされながら、一緒に綱を引かせてもらった思い出があります。

骨格筋は沖縄の綱引き方式をとっています。腱という綱を筋肉が引っ張っているのです。腱は硬くて強いものですから、筋肉に比べてずっと細くて間に合います。同じ断面積なら、腱の方が筋肉より三〇〇倍も大きい力に耐えられます。一本一本の筋細胞が直接骨に付着するよりも腱を介した方がずっと付着点の面積を小さくできます。だから関節のごく近くに力を集中して伝えられ、てこによる速度の増幅効果を十分に引き出すことができるのです。

腱の代表といえばアキレス腱でしょう。これはふくらはぎの筋肉の腱で、くるぶしを通ってかかとの骨に付着しています。くるぶしとふくらはぎとを触って比べてみればわかるように、腱は筋肉よりずっと細くて硬いものです。筋肉は骨に直接付着しているのではなく、この紐を引っ張る形で骨を動かしています。

梁理論から脚のデザインを考える

走るためにはエネルギーがいります。これは車がガソリンを使うのと同じです。積み荷が重いほどガソリンはたくさんいりますから、車体であれ身体であれ軽いにこしたことはありません。とくに脚は軽い必要があります。脚は前後に振れるものだからです。動く方向が一定で変わらず速度も一定ならば、動き続けるのにあまりエネルギーはいらないのですが、脚のように、動いているものをいったん止めて、これを逆の方向に動かすというような運動には、大きなエネルギーが必要となります。必要なエネルギーは動くものの質量に比例しますから、脚はとくに軽くなければなりません。つまり脚は、てことして有効に働けるように長い必要があると同時に、軽い必要もあるのです。長くて軽く、とすれば細長くすれば良いでしょう。でも長いものは曲がりやすいものです。曲がりやすさは長さの三乗に比例します。ただでさえ曲がりやすいのに細くすればますます曲がりやすくなりますから、むやみに細くするわけにもいきません。地面を蹴ってもたわまず折れず、なおかつ軽く細いものにするには工夫が必要です。

木造家屋の材木であれビルの鉄骨であれ、細長いものが曲げに抵抗して力を支えている時には、それを「梁」と呼びます。たとえば飛び込み台の板は一端が固定されている梁とみなせます。このようなものは、片方で持っている梁という意味で「片持ち梁」と呼ばれています。小川に渡した丸太橋は、梁の両端で支えられているので「両端支持梁」です。片持ち梁の例としては、手で握った釣竿《つりざお》がそうですし、私たちの腕も、肩のところで支えられている片持ち梁。脚も骨盤のところで支えられている片持ち梁とみなせます。

細長い梁に力が加われば、もちろん曲がります。どのくらいの力でどれだけ曲がるかを計算するのが「梁理論」で、これを使うと、細長くて軽くてしかも曲がりにくくするにはどうすれば良いかを考えることができます。

片持ち梁の端に力を加えた時のことを考えてみましょう。大きな力を加えれば、曲がり方はより大きくなるのは当然ですね。ただし力をどこに加えるかでも曲がり方が変わります。梁は、いわばてこのようなものですから、同じ力を加えても、加える場所が支点から離れていればいるほど効果は大きくなります。力に支点からの距離を掛けたものが「曲げモーメント」です。曲げモーメントは変形させようとする力の大きさの指標となります。

力が加わると梁は丸く弧を描くように変形します。これは大きな円の一部とみなせるので、この円の半径を「曲率半径」と呼びます。曲率半径の逆数（1／曲率半径）が「曲率」です。大きく変形しているものほどきつく曲がっていますから、曲率半径が小さく、曲率は逆に大きくなります。つまり曲率で変形の大きさを表せるわけです。

曲がる度合いは、梁がどのような材料でできているかによって大いに変わってきます。

鉄のように硬い材料でできていれば曲がりにくいし、ゴムみたいにヘニャヘニャした材料ならば大きく曲がるでしょう。

バネでもゴムでも、鉄も木も骨も、引っ張られれば伸びますし、逆に押されればつぶされて短く縮みます。変形する量は力の大きさに比例しますし、力を取り去ればプルンと元の長さに戻ります。このようにふるまう材料が弾性体です。弾んで戻るので「弾性」体なのです。弾性体での力と変形量の関係を見つけ出したのがイギリスのトーマス・ヤングでした(ちなみに彼は古代エジプトの象形文字の研究でも有名)。変形量を、最初の長さの何%変形したか(ひずみ)で表し、力を単位面積あたりの力(応力)で表すと、応力とひずみとは比例するのです。比例係数が「弾性率」で、ヤングに敬意を表して「ヤング率」とも呼ばれます。第3章ですでにふれたように、応力－ひずみ曲線の傾きが、この弾性率です。

応力＝(弾性率)×(ひずみ)

という式で書き表せる関係です。応力一定ならば弾性率とひずみとは反比例しますから、弾性率が大きいものほど変形しにくいのです。弾性率は材料の性質です。力学にかかわる性質ですから「力学的性質」と呼ばれるものの一つです。

さて、同じ材料でできた同じ長さの梁でも、梁の断面の形が違うと曲がる量も変わってきます。この形に関するのが「断面二次モーメント」と呼ばれる量です。これに関しては後でくわしく見ていくことにします。

これで関係するものが全部出そろいました。力の大きさを表す「曲げモーメント」、変形量である「曲率」、梁の材料の性質（硬いかやわらかいか）を表す「弾性率」、そして形に関係する「断面二次モーメント」です。これらの間に次のような関係があるというのが梁理論です。

$$\text{曲率} = \frac{\text{曲げモーメント}}{\text{弾性率} \times \text{断面二次モーメント}}$$

どれだけ大きく変形するか（曲率）は加わる力に比例し、弾性率や断面二次モーメントに反比例します。逆の言い方をすれば、変形しにくさ（曲率の逆数、つまり曲率半径）は弾性率と断面二次モーメントに比例するのです。だから梁理論の式は、

$$\text{変形しにくさ} = \frac{\text{材質} \times \text{形}}{\text{力}}$$

と読めるものです。材質が硬ければ硬いほど、また断面の形が良いものほど大きな力にも曲がらずに抵抗できることを示しています。材質、つまり何でつくるかと、形、つまりどのようにつくるかの、どちらも同じように大切なのだと、この式は教えてくれているのです。だから構造物をつくる際には、材料と形と、両方とも吟味しなければなりません。

骨という優れた材料

では材料としての骨は、どのようなものなのでしょうか。骨は広い意味では結合組織の一種です。骨がつくられる際には、まず軟骨が形成され、そのコラーゲン繊維の上にカルシウムの結晶が沈着する形で骨がつくられていきます。最初につくられた軟骨は骨に置きかわってしまいますが、コラーゲンは残りますから、骨には多量のコラーゲン繊維が含まれることになります。骨のほぼ四〇%がコラーゲンです。これは力学的に意味のあることです。骨の主成分である燐酸カルシウムは石の塊で非常に硬いものですから、大きな力にもあまり変形せずに抵抗できます。ただしこれは圧縮の力に対しての話です。石というものは一般に硬いけれどももろく、押しつぶされれば非常に強いのですが、引っ張りの力に対しては、あまり強くはありません。コラーゲン繊維がその欠点を補っています。

コラーゲン繊維と燐酸カルシウムの関係は、ちょうど鉄筋とコンクリートの関係に対応します。コンクリートは圧縮の力に強いのですが、引っ張られるとボロッとちぎれてしまい抵抗できません。鉄筋を入れると、これが引っ張りの力を支えてくれ、全体として強い材料になります。同じように、コラーゲン繊維が加わることにより、骨は圧縮のみならず引っ張りにも強い材料になっています。

骨が材料として優れているもう一つの点は、これが頭の良い材料だというところです。骨は自身にかかってくる力を判断して、大きな力が加わって大きく変形する部分を自分で補強します。また力の加わってこない部分からはカルシウムを取り除きます。こうして自身を、より使用環境に適応したものに変えていくことができるとても頭の良い材料なのです。こんな骨ですから、宇宙飛行士のように無重力で骨に力の加わらない状態を長く続けていると、もう強い必要はないと骨は判断して、骨からカルシウムが抜け出ていってしまいます。体を支えている筋肉もやはり強力なものである必要はないと判断しますから、宇宙飛行士の骨や筋肉は弱くなり、一〇〇日も宇宙にいると、地球に帰り着いた時には、ほとんど歩けない状態になってしまうそうです。

宇宙飛行士の件は、骨が頭がいいからかえって問題となるわけですが、このような特別な例外を除いては、骨の頭の良さは、必要な部分を強くして破壊を免れ、不必要な部分を取り除いて体を軽くしてより運動しやすくするという、適応性を材料に与えています。

材料に加わる力を材料自身が感知して自身の力学的性質を変えて外力に適応する材料を、適応材料と呼びます。また頭の良い材料を知能材料と呼んだりもします。このような高機能な材料を開発しようと、今、さかんに研究が行なわれています。

骨は自己修復材料でもあります。壊れたところを自分で修理できます。四足獣にとって、脚の長骨の骨折は、必ずしも致命傷ではないようで、野獣の骨を調べてみると、かなりの確率で骨折して治った痕《あと》が見られるそうです。折れにくくしようとすれば骨を太くしなければいけません。それだけ制作費がかかりますし、体が重くなった分、運動に余計なエネルギーが必要になります。そこで、めったに出くわさないような大きな力に対しては、折れてから治すという対処のしかたを動物はとっているようです。これは人工物とは違うやり方で、やはり材料として頭の良さを感じさせるものです。

骨はなぜ円筒形か

構造物をつくる際には、材料と形という二点について吟味する必要があるということが、梁理論からわかりました。それにもとづいて骨という構造物について、材料の面から見たのですが、では形の面ではどうか、特に断面の形について考えてみましょう。

図5−4を見て下さい。下端が固定され、上端に曲げの力が加わって曲がっている梁の

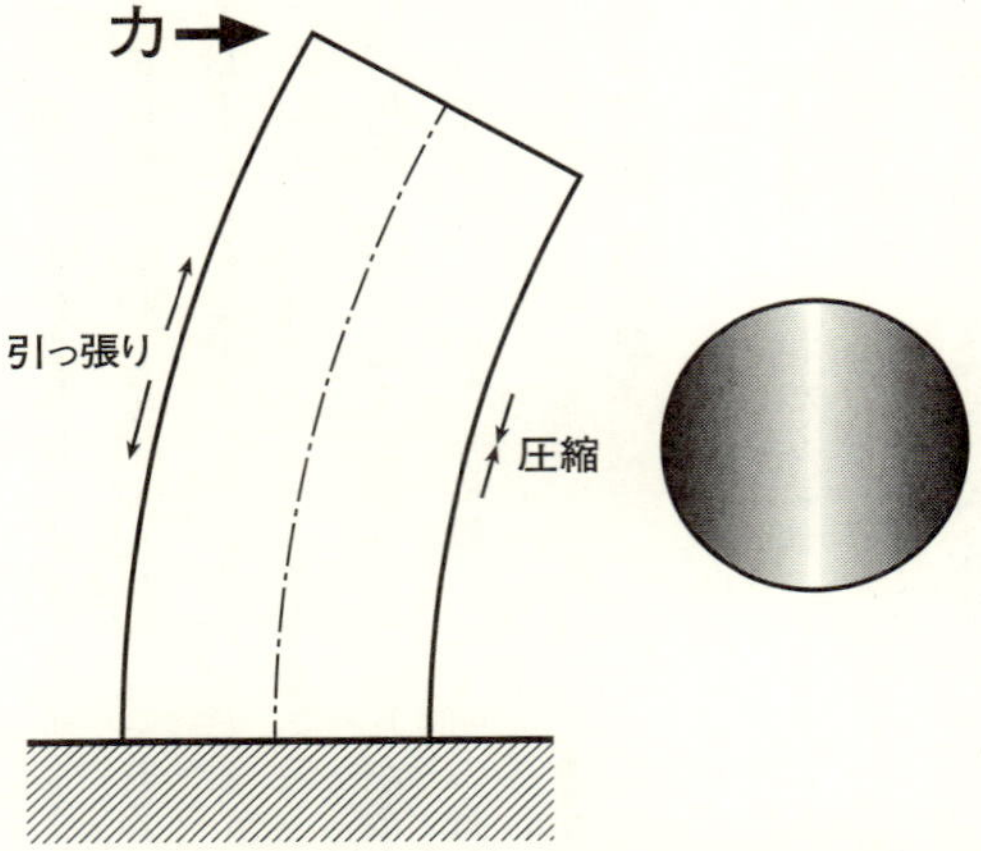

図5-4　梁に力が加わると曲がる。曲げの内側は圧縮され外側は引き伸ばされる。右の断面図で濃く塗った部位ほど大きく変形し、大きな応力を生じている

模式図です。曲がってカーブの内側になった部分に圧縮の力がかかっており、外側の部分には引っ張りの力が加わっています。陸上競技場のトラックは内側のコースを回る方が距離が短いですね。曲がるということは、内側になった方が圧縮されて短くなり、外側が引っ張られて長くなったということを意味します。梁の中央（点線で示してある）から離れれば離れるほど圧縮量も引っ張り量も大きくなります。中央から遠いところほど、大きく変形して大きな力を出して抵抗していることになります。

では中央部はどうかというと、ここの長さは変化していません。ですから力も出していません。つまり周辺部は外から加わった力に抵抗して、一所懸命これ以上曲がらないよう

にと頑張っているのに、真ん中は知らん顔をしてさぼっているのです。ということは、真ん中の部分を抜き取ってしまっても、曲がりにくさはほとんど変わらないということになります。不必要なものはない方が材料の節約にもなりますし、またその分、目方が軽くなりますから、真ん中をとってしまい、曲げに一番抵抗している両端のみを残すことにしましょう。もちろんすっぽり抜くと両端がバラバラになってしまいますから、薄い横の支えだけを残すとすると、Ｉの字形になります（図5－5ａ）。これは鉄道のレールや鉄骨建築で使われているＩ字鋼（Ｈ鋼）でお馴染みですね。Ｉ字は曲げに抵抗する優れた形なのです。

ただしこれはＩ字の縦棒の方向に曲げる力に関しての話です。縦棒と垂直な方向の力に対しては抵抗できません。垂直方向にも強くするとすれば、Ｉ字を十文字に組み合わせれば良いでしょう（図ｂ）。さらに四方八方からの力に抵抗しようとするなら、もっと多くのＩを組み合わせていくことになるのですが（図ｃ）、これならば外側をぐるっとつなげてしまえば良いわけです。外がつながれば真ん中の支えは取り払ってもかまいませんから、結局、円筒になります（図ｄ）。

レールの場合は、電車の重みは必ず上から加わります。建物の鉄骨でも、力の方向は重力の方向にほぼ定まっています。だからこういうものでは、一つの方向だけに強いＩ字形

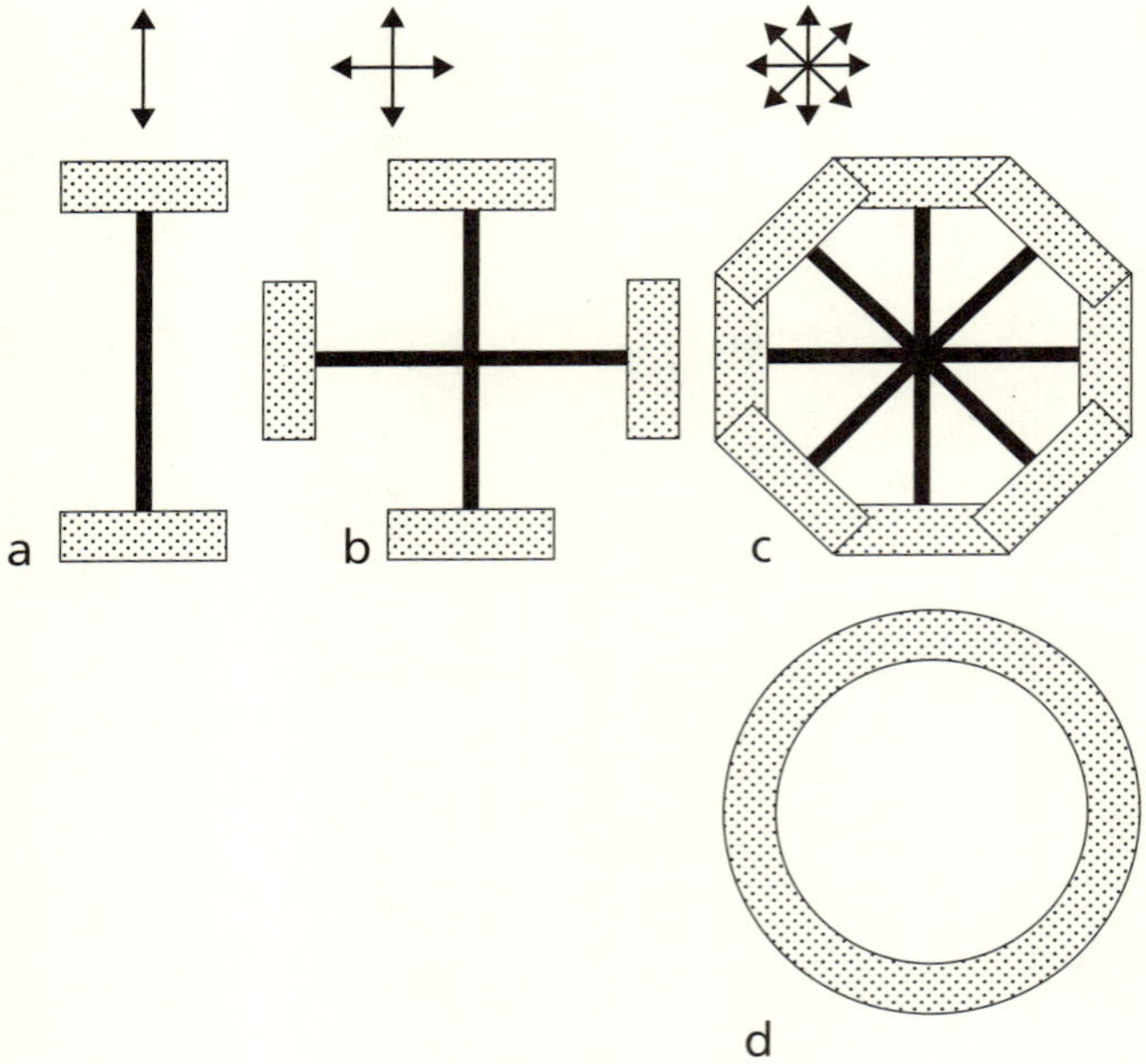

図5-5　I字鋼から円筒へ。曲げの力の方向（両頭の矢印）が一定ならI字の形でかまわないが（a）、力の方向が増えるとIを組み合わせることになり（c）、結局、円筒（d）となる

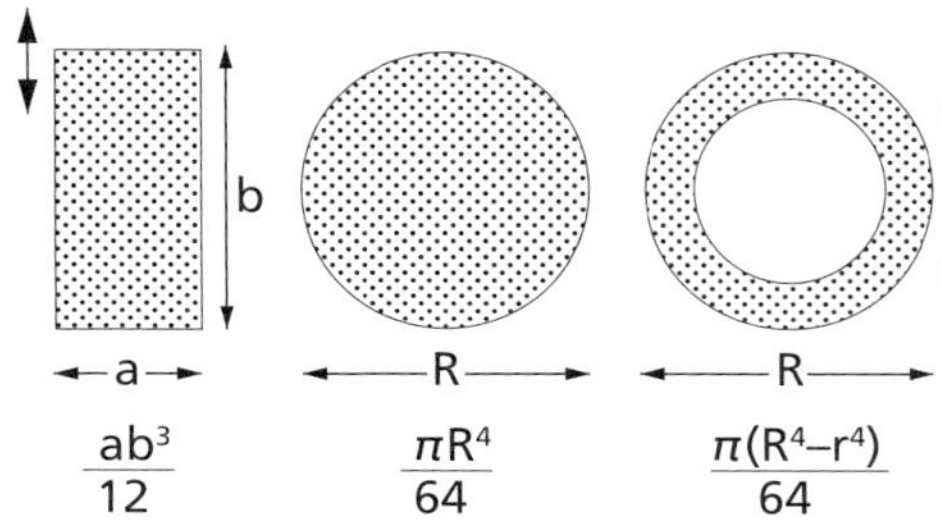

図5-6　断面二次モーメント。長方形の式は太い矢印方向に曲げた場合

で良いのですが、脚の骨となるとそうはいきません。跳んだりはねたりする脚には、いろいろな方向から力が加わってきます。こういう場合には円筒形が良い形となります。そしてたしかに私たちの手足の骨は円筒形をしています。

　形によって曲げにどれだけ抵抗するかを表す量が断面二次モーメントでした。代表的な形の断面二次モーメントの式を図5－6に掲げておきます。四角い梁ならば、断面二次モーメントは曲げの方向の厚さ（b）の三乗と、曲げに垂直な方向の厚さ（a）の一乗に比例します。三乗対一乗ですから、曲げの方向の厚さの影響がずっと大きく、だから飛び込み台の板のように、この方向が薄いと曲がりやすくなるのです。

　円の場合の断面二次モーメントは直径（R）の四乗に比例します。四乗ですから、直径がちょっとでも増えると格段に曲がりにくくなります。太さが二倍なら一六倍も曲がりにくいという関係です。だから同じ鉄製といっても、針金は簡単に曲がるけれど釘《くぎ》くらいの太さになると手で曲げるのがむずかしくなるわけです。

中空の円筒の断面二次モーメントは、外側の円の断面二次モーメントから抜けた部分の断面二次モーメントを引いたものになります。円の断面二次モーメントは直径の四乗に比例するのですから、抜けた小さな円の直径が外側の円の半分だとしても、抜けたことによって減る断面二次モーメントは、たった六％（1／16）にしかなりません。だから同じ量の材料を使って円柱形の梁をつくるとしたら、中抜きの円筒にします。それも直径をできるだけ太くして、そのかわり壁を薄くすれば、断面二次モーメントを格段に大きくでき、曲がりにくい梁となります。ただし円筒の壁を薄くしすぎると、ビールの空き缶のように、ちょっとした力で壁がペコンとへこんだり全体がグシャッとつぶれたりする「座屈」という問題が生じます。だから適当な厚さは確保しなければなりません。そのような配慮をした円筒では、同じ量の材料を使った中の抜けていない円柱より、なんと一七・四倍も断面二次モーメントを大きくできます。

脚の骨は細長い円筒形です。長いから有効なてことして働き速く走れ、それでいて軽いので動かすエネルギーも少なくてすみ、強いから跳んでもはねても骨折することもない。円筒形はいいことずくめです。第1章で生物は円柱形をしているという話をしました。私たちの手足が円柱形、それも中の抜けた円筒なのは、こんな力学的な理由があったのです。

木は中味の詰まった円柱形

草もやはり円筒です。イネの仲間をはじめ、多くの草は中の抜けた円筒形をしています。中心部にプヨプヨしたやわらかいもの（髄）が詰まっている場合もありますが、これも力学的には円筒とみなせるものですから、草のほとんどが円筒だと言っていいでしょう。ところが木は違います。中がギッシリ詰まった円柱なのです。なぜでしょう？

中が詰まっていると幹が重くなり、体が安定します。木は草よりもずっと背丈が高くなりますね。そして葉は上の方にたくさんついているものです。だから上ばかり重い不安定なものになりやすいのです。ちょっとでも風が吹けば、葉っぱの重みが片方に寄ってしまい、ひっくり返る恐れがでてきます。幹の中が詰まっていて幹が重ければ安定性が良くなり、風で倒れにくくなるでしょう。台風で根こそぎになった木を見ると、意外に根が浅いのに驚かされます。ふだん木が倒れず立っているのには根がしっかり地面をつかんでいることも大きいのですが、太くて重い幹で体を安定させていることも重要な要素です。ちなみに竹は円筒ですね。竹の場合は地下茎が非常に発達していて隣同士がつながっていますから、根だけで体を固定でき、幹の重みはなくてもやっていけるのだと思われます。あの竹というすんなりとしなやかな円筒構造は、地下茎のおかげで可能になっているのでしょう。

中味が詰まっていることには、別の意味もあります。先ほど座屈の話をしました。壁の薄い中空の構造物に上から力が加わると、横の壁がペコンとへこんでつぶれてしまう座屈が起きやすいのです。木は非常に大きくなりますし、動物と違って四本脚ではなく幹一本ですべての重みを支えるわけですから、幹には上から押しつぶそうとする大きな力が加わってきます。このような状況では、円筒は座屈の危険にさらされます。空ならすぐにぺしゃんこにつぶせるアルミ缶でも、中にビールが詰まっていればそうはいきませんね。中味の詰まった円柱の方が座屈が起こらず安全です。

動物の場合は動きます。だから体は軽い必要があります。軽ければ軽いほどすばやく動け、動くためのエネルギーも少なくてすみます。不必要な中心部を抜いた円筒形の骨は、軽くて強い体をつくるのにうってつけです。一方、木は動きません。動物と違い体が軽いことは重要ではなく、かえって重い方が体が安定して良いし、中味が詰まっていた方が座屈が起きにくいのです。生きものは円柱形と言い続けてきましたが、その円柱の中がぎっしり詰まっているか抜けた円筒かは、動くか動かないかがかかわっています。

静水系――骨をもたない運動系

さて、動く話に戻りましょう。

脊椎動物は関節でつながった長い骨の両側に拮抗筋を配置することにより、速く運動できるようになりました。無脊椎動物の場合でも、昆虫のようにクチクラでできた硬い骨格をもっているものでは、関節でつながった円筒形の脚を発達させ、これですばやく走ります。昆虫は外骨格です。硬い骨格は体の外側にあって体を包んでいるのですから、骨の内部にしか筋肉を置くことができません。筋肉は硬い円筒の内側に張られています。脊椎動物の筋肉は円筒の外側に張られていますから、ちょうど逆です。このように内側か外側かの違いはあるのですが、一組の反対方向に収縮する拮抗筋が関節を介して脚を動かすという点においては、昆虫もわれわれも同じです。

昆虫や脊椎動物のように硬い骨格をもっているものは問題ないのですが、多くの無脊椎動物は硬い骨をもっていません。もし脊椎動物から脊椎骨を抜いてしまったら、筋肉が一度縮んだら体も縮こまって、それでおしまい。だからこそ、硬い骨を介した拮抗筋のシステムをつくってわれわれは運動が可能になっているのですが、骨をもたない動物ではそうはいきません。これらの動物たちはどのようにして筋肉を働かせて運動しているのでしょうか？

背骨をもたない動物は、十把ひとからげに無脊椎動物と呼ばれています。これら背骨のない動物でも筋肉はちゃんと働いています。その秘密が体腔です。

第2章で体腔というものが進化の過程で登場したという話をしました。体腔は中胚葉の膜で包まれている空間です。中に水が詰まっているとはいえ、所詮がらんどうの袋にすぎません。いったいこんなものがなんで必要なのか、疑問だったのではないでしょうか。じつはこの体腔が骨の代わりをつとめているのです。

動物は基本的には膜に包まれた水です。このような膜でできた袋の中に水が詰まっているものを「静水系」と呼びます。水は何もなければ流れていってしまうのですが、膜に包まれていると静かに留まっているので「静水」なのです。

静水系の原理は、風船を考えてみればわかりやすいでしょう。ふくらます前の風船はヘニャヘニャして形を保てませんが、水や空気を入れてふくらませると、きちんとした形を保ち、これに力をかけると抵抗します。ふくらんだ風船のゴム膜は引っ張られて張力がかかっていますし、一方、内部の流体（液体や気体）はゴム膜によって圧縮されています。膜は引っ張られていなければヘニャヘニャしていますし、水や空気も、そのままでは自由に流れてしまい抵抗はしません。ただし流体は、密閉した容器に入れて押しつぶそうとすると強く抵抗します。特に水を押しつぶすには大変な力がいり、ほとんど不可能です。これは海を思い浮かべてみればわかることでしょう。海の平均水深は四千メートル。底の水には上のすべての水の重さがかかっています。それでも底の水がつぶれることはありません。水がつぶれやすかったら、あんな深い海など存在しないはずです。

袋に閉じこめた水は、外から大きな力が加わっても、つぶれずに体積を一定に保ち、外力に抵抗します。ゴムや皮というヘニャヘニャした膜と、水や空気という形の定まらないものという、どちらもあまり頼りにならないものでも、これら二つを組み合わせると、しっかりと形を保ち外力にも抵抗する構造をつくることができることは、膜構造のところですでにふれました。この原理を使うと、硬い骨をもたない動物たちでも、体の形を保ち、運動もできるようになります。体の形を保つのは骨格の役目ですから、これも一種の骨格とみなせます。膜で包まれた水が骨がわりですので、このような骨格を「静水骨格」と呼びます。静水骨格を使うとどんなふうにして運動が可能になるかを見ていきましょう。

これも細長い風船を使うとわかりやすくなります。握ると風船は長く伸びますね。握って風船の径を細くすると、中の空気の体積は一定で変わりませんから、どうしても長くならざるを得ません。逆に長さを押し縮めるようにしてやると、風船は太く短くなります。

ミミズのように円筒形をしており、内部に水の詰まった広い体腔をもった動物は、まさにこのようにして動きます。円筒の壁にあたるのがミミズの体壁ですが、この体壁には、

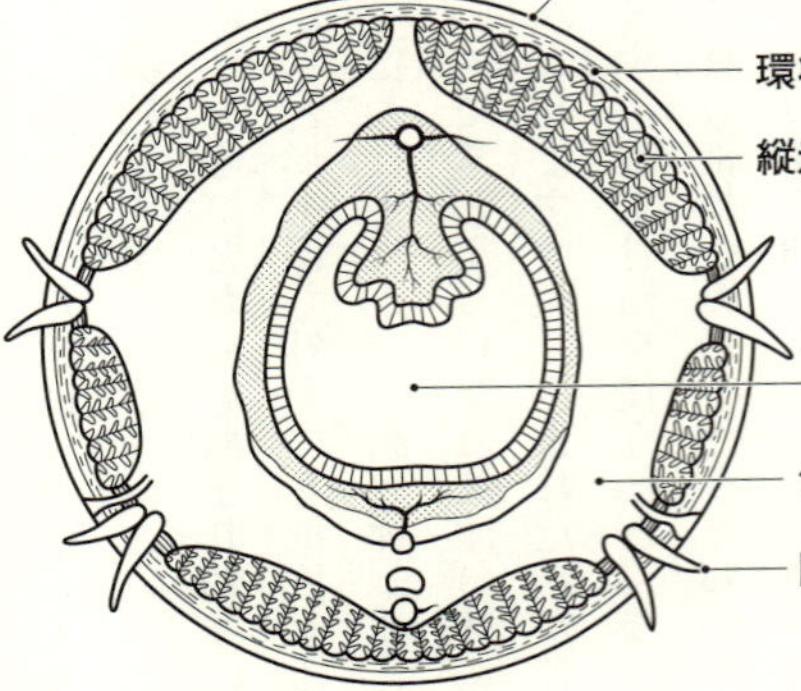

図5-7　ミミズの断面の模式図

周方向にぐるっと円筒を取り巻くように走っている筋肉（環状筋）と、そのすぐ内側に円筒の長軸方向に走っている筋肉（縦走筋）とがあります（図5-7）。

環状筋が縮めば、ちょうど風船を握った時と同じように、径が小さくなり体は細長く伸びます。この時、縦走筋も一緒に伸ばされていま す。引き伸ばされた縦走筋は縮む用意ができていますから、次にこれが縮めば、今度は円筒は短くなり、円筒の径は中の水に圧されて太くなります。この時には環状筋の方が伸ばされます。これで環状筋は、また収縮できる状態になりました。そこで環状筋が縮めば体は再度細長くなります。こんなふうにすると、細長い状態と太く短い状態とを交互に繰り返すことが可能です。

ただしこれだけでは体全体の移動は起こらないのですが、もちろんちゃんとしかけは備わっています。ミミズの体表には毛（剛毛）が後ろ向きに生えており、この毛が引っかかるので、体は前方向にしか移動しません。細長くなると体は前方に伸び、太く短くなる時には、体の後ろ側が前に引き寄せられます。だから結局、太くなったり細長くなったりを繰り返すと、体はどんどん前に進んでいきます。ミミズは体を細く伸ばして前方の土の割れ目に体をつっこんでいき、太く短くなった時に、体の後端をたぐり寄せると同時に、割れ目を横に押して広げます。すると割れ目は先に伸び、そこにまた体を細くしてつっこむと、骨をもたないにもかかわらず、ミミズは土を掘って進んでいけるのです。ちなみに毛の根元には小さな筋肉がついていて、毛の向きを反転させることができ、ミミズはバックも可能です。

縦走筋と環状筋は、一方が縮めば他方は伸ばされますので、拮抗筋のペアとみなせます。脊椎動物の場合は骨を介して拮抗筋が働いていましたが、ここでは体腔内の水を介して拮抗筋が働いています。水が骨の代わりをするので静水骨格なのです。

たんなる筋肉の塊だけでは効果的な運動はできません。体腔のまわりに縦走筋と環状筋とを配置するシステムをもつことにより、動物はより速い移動運動が可能になり、体腔をもった動物が進化の過程で成功をおさめました。現存の動物のほとんどが体腔をもつ体腔動物です。われわれ自身もそうです。脊椎動物の場合、体腔は骨格としての役目を骨にゆずってしまったため、もはやミミズのように大きなガランとしたスペースを占めてはいませんが、やはりわれわれも体腔をもっており、そこに内臓が入っています。

ミミズはゴカイなどと同じ環形動物の仲間です。もっと違うグループの動物にも、体の中央に大きな体腔をもつものがいます。たとえば海岸の砂を掘るとでてくるユムシや、岩に孔《あな》をあけて住んでいるホシムシなど。これらは静水骨格で体を伸び縮みさせて体の移動運動をします。体全体の動きだけではありません。イソギンチャクが触手を伸ばすのも静水系ですし、ヒトデが歩くのに使う何百本もの小さい足も静水系で動いています。「生きものは水だ！」という話を第2章でしましたが、動物の動物たるゆえん、つまり動くことにも、水は大きくかかわっているのです。

舌は筋静水系

ミミズとは一味違った静水系についてもお話ししておきましょう。舌です。カメレオンの舌は有名ですね。ピューッとすばやく遠くまで伸びて虫を捕らえ、また口の中に戻ってきます。あんな芸当ができるのは、何か特別なしかけがあるに違いありません。

じつは舌も静水系の原理で働きます。われわれの舌もそうです。ネコの舌でもウシの舌でも、カメレオンほどではありませんが、自由に伸び縮みしますね。でも牛タンを料理したって、ミミズのように大きな水の詰まった空間はどこにもありません。舌は肉の塊、筋細胞がぎっしり詰まっています。いったいどこに水があるのでしょう？

じつは筋細胞の中に水が入っているのです。そもそも細胞自体が水の詰まった袋ですから、この袋をうまい具合に並べれば、静水系として働けるという理屈です。

仮にこんなものをつくったとしましょう。細長い縦走筋の細胞を束にして中心に置き、その周りにタガをはめるように環状筋を配置します。すると環状筋が縮めば縦走筋の束は周りから締めつけられ、細くなります。中の水の体積は一定ですから、細くなれば縦走筋の細胞は長く伸び、結局、システム全体も細長くなります。これは舌が細く突き出た状態に対応します。さてこうして引き伸ばされた状態にあれば、縦走筋は縮むことができます。縦走筋が縮めば、一本一本の細胞は太く短くなりますから、縦走筋の束も太く短くなり、そのまわりを取り巻いている環状筋の方は引き伸ばされます。これで舌は太く短くなりました。この状態なら、今度は環状筋が収縮できます。このように伸びたり縮んだりを繰り返すことができ、舌はなめらかに働けることになります。つまり、大きな水の詰まった空所がなくても、細胞の配列を工夫すれば、細胞の中の水を静水骨格として拮抗筋のペアが働けるのです。このようなものは「筋静水系」と呼ばれています。筋静水系の例としては、ゾウの鼻やイカの触手、貝の足などがあげられます。

私たちの舌も筋静水系です。また、内部に大きな空間をもったミミズのような静水系としては、胃や腸があります。胃や腸では、筒の内部に入っているのは水ではなく食べものです。円筒内の食べものが力を伝えますから、食べものが入って来た時だけ働けるシステムで、これは胃や腸の働きにまことに適しているわけですね。このように、私たちの体の中でも、いろいろな形で静水系が働いているのです。

カメレオンの舌とイカの腕

静水系を使うと、舌であれミミズであれ、硬い骨がなくても拮抗筋のシステムを働かせることができ、運動が可能になるということは、今までの話でおわかりいただけたと思います。ただし硬い骨をもつ利点は、たんに拮抗筋を働かせられるというだけではなく、長い骨をてことして使って筋肉の収縮速度を増幅し、より速く運動できるという利点もありました。いくら水が骨の代わりになると言っても、やはり硬くて長いものがなければ、てこはつくれませんから、この点では静水系は硬い骨にはかないません。だからこそ脊椎動物や昆虫など、硬い骨格系を進化させたものたちが運動性に優れ、海でも陸でも空でも進化の頂点に立っているのでしょう。

たしかにそうなのですが、静水系でも一種のてこがつくれることがわかってきました。その良い例がカメレオンの舌です。カメレオンの舌がすばやく伸びるのには驚かされますが、一種のてこを使って距離とスピードを増幅していたのです。

この研究を行ったのはアメリカのキャスリーン・スミスとウィリアム（ビル）・キアです。ビルはイカの腕を研究していました。イカはすばやく腕を伸ばして獲物を捕まえます。その様子を彼は映画に撮って研究しました。映画といっても、腕はとても速く動くので、ふつうの映画ではくわしいことはわかりません。一秒間に三〇〇コマも撮影できる高速度カメラを使いました。じつはこれでもだめだったのです。彼に撮影したフィルムを見せてもらいましたが、獲物をねらっているイカが写っている次のコマには、もう、腕の長さが一・七倍にも伸びて餌を捕まえた様子が写っています。腕が伸びるのに三〇〇分の一秒もかからないのです。

これほど速く動くには何かしかけがあるはずだと彼が考えていた時、トカゲの舌の伸びるところをX線映画に撮って研究していたキャスリーンと知り合いました。イカの腕もトカゲの舌も、どちらも筋静水系です。このシステムでどうやってあれだけ速く大きく伸びられるのだろうかと、二人はあれやこれや議論し続けました。そしてある日、静水系が一種のてことして働けることに気づいたのです。

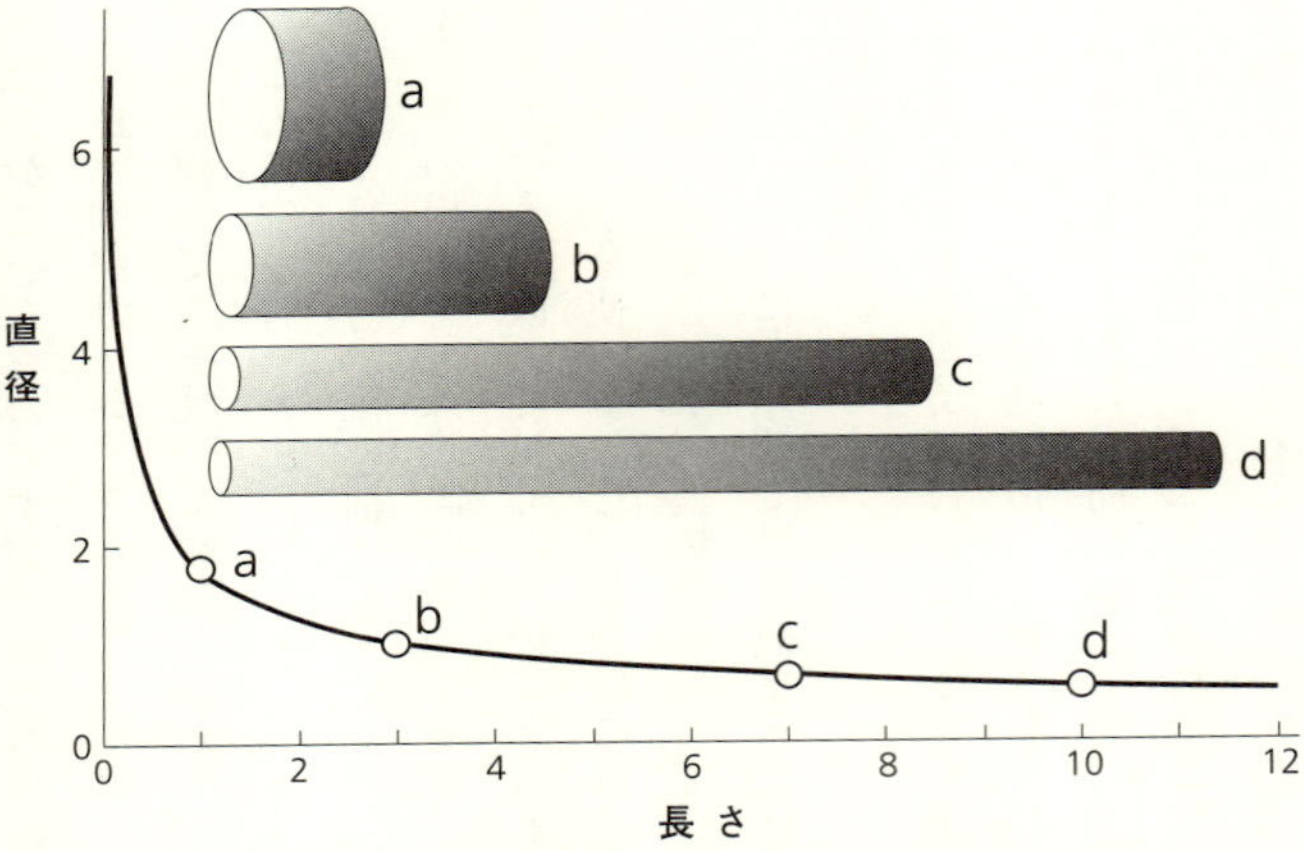

図5-8　静水系のてこ。長さが3で直径が1の円柱(b)が、体積を一定に保って変形した時の長さと直径の関係は曲線のようになる。曲線上の点a・b・c・dに対応する円柱の形が描いてある。cとdとでは、太さは0.1しか変わっていないが、長さは3も伸びている

静水系の円筒を考えてみましょう。中に詰まっている水の量は変わりませんから、どう変形しても体積は一定です。さて、一定の体積を保ったまま円筒の長さが変わったとします。するともちろん直径も変わります。円筒の直径と長さの関係をグラフに表すと**図5－8**のような曲線になります。曲線上の点aでは、長さは短いので直径は大きく、円筒は円盤状です（図a）。円筒の長さが点b、c、dと長くなるにつれ、形はよりスリムな細長いものになっていきます。

図cとdとを見比べて下さい。太さはほとんど違わないのに、dの方

がずっと長いですね。だからcの形からdに変化したとすると、直径はほんの少し小さくなるだけなのに、長さの方はピューッとすばやく大きく伸びることになります。径方向の小さなちょっとした収縮が軸方向の速い大きな動きに変換されたのです。距離も速度も増幅されたのですから、てこと同じ効果が得られたことになります。これが静水系のてこです。硬い長い骨を使わなくても、てこがつくれるのです。

カメレオンの舌もイカの触手も、静水系のてこを使ってすばやく伸びています。てこの原理はアルキメデスの昔からわかっていることですが、このような静水系のてこもあることがキャスリーンとビルにより発見されたのは、やっと一九八五年のことです。この仕事を通して二人はめでたく結婚しました。

これまでのまとめ

本書を通して、いくつかのキーワードが登場してきました。第1章で「円柱形」、第2章で「水っぽい」、第3章で「やわらかい」。また第2章では、動物の進化の過程における「中胚葉」や「体腔」の出現、第3章では、やわらかさに「繊維を織ってできた膜」と「水」とが関係する、という話をしました。これらがすべて、本章で結びついてきたわけです。

筋肉も骨も膜をつくっている結合組織も、すべて中胚葉からできてきます。動きをつくり出している主役は中胚葉なのです。骨と結合組織は体の支持系（骨格系）を構成し、大きな体になっても自重でつぶれず、筋肉が大きな力を出してもへしゃげないように、体を支えています。筋肉をエンジンとすれば、骨や結合組織は車のフレームであり力を伝えるトランスミッションでもあり、またタイヤでもあります。動物が大きな体をもち、よく動き回れるのは、中胚葉のおかげです。

初期の動物は骨をもたず、静水系で運動していました。伸び縮みする体が運動性の基本です。その伸び縮みを保証しているのが、水と繊維でできたしなやかな膜なのです。水の入っている大きなスペースが体腔で、これが効率的な運動を可能にしています。水っぽいから運動できるのです。静水系は内圧のかかった膜構造ですから、とうぜん断面は丸くなります。そのようなものが海底を這えば、地面をつかむための表面積が必要になり、体は長くなるでしょうし、ミミズのように地面を掘って進むなら、抵抗が少なくなるように、やはり細長くなるでしょう。体をくねらせて泳ぐものなら、やはり水を押すための表面積が必要ですし、もちろん抵抗は小さくしなければなりませんから、これも細長くなります。いずれにしても、体の断面は丸いままで長くなる、つまり円柱形になります。

骨をもつものは、長い脚を発達させ、これをてことして使って速く動きます。長いてこは、断面を丸くすると、どの方向からの力にも対処できます。そこで手足は円柱形になります。それを支えるフレームとしての脊椎も円柱形です。手足は前後に振れることにより運動します。手足のしなやかな運動を保証しているのが関節の部分ですが、ここでは軟骨や関節液や靱帯など、結合組織が関節のなめらかな動きを保証しており、結局ここから生ずるしなやかさも、水と繊維とから由来していることになります。

第6章　サイズと動き

前章では動物の動きについて考えましたが、これは私たちが日頃目にする比較的大形のものの話でした。大形といっても肉眼で見えるほど、つまり一ミリ以上の動物です。これらは筋肉を使って動いています。筋肉は力を発生する装置ですから、自動車のエンジンに相当するでしょう。虫であれ魚であれ鳥であれ獣であれ、筋肉がエンジンなのです。

ところがもっと小さい、顕微鏡でなければ見えないようなものたちは、違ったエンジンを使っています。ゾウリムシ（単細胞の繊毛虫）がもつ繊毛や精子の鞭毛《べんもう》（繊毛の一種で長さの長いもの）。また、同じ鞭毛という名前ですが、バクテリアは精子のものとはまったく違う構造の鞭毛で泳ぎます。ラッパムシのマイオネームなどというものもあります。このようにいろいろなエンジンがあるのですが、これは生物の大きさによって使うエンジンが違ってくるからです。なぜそうなるのかを考えてみましょう。

繊毛による運動

ゾウリムシ。教科書によく出てくる単細胞生物としておなじみですね。池に住んでいる繊毛虫の仲間です。体長〇・二五ミリメートルですから、肉眼でも、ほんのポチッとした点として見えないこともありません。小さいといっても、体が細胞一個でできている単細胞生物にしては、かなり大形のものです。顕微鏡で見ると平べったい草履《ぞうり》形をしており、体表にはなんと一万五千本もの毛が生えています。これが繊毛で、この毛を振り動かして泳ぎます。繊毛が前後に打つのですが、隣合った繊毛が少しずつずれながら打つため、ちょうど稲穂に風が渡るように、全体として波打って、その波が体の上を伝わって行くのが観察できます。

繊毛は逆立ちした振り子のように前後に振れ動きます。繊毛が後ろ向きに振れた時、水を押して体を前に進める力を出します。この方向の振れを「有効打」と呼びます。有効打では繊毛はピンと伸びて、ちょうど平泳ぎで腕を伸ばして円弧を描くように水を掻きます。さて、打ち終わった繊毛は元に戻らなければ、再び有効打を繰り返すことができません。戻りも同じようならば、さっき進んだ分、またバックしてしまいますから、元の黙阿弥。打ち方を変える必要があります。戻りを「回復打」といいますが、繊毛はクタッと折れ曲がって細胞の表面に近いところをなめるように戻ってきます。ここも平泳ぎと同じですね。

ゾウリムシをはじめ、繊毛を使うサイズの小さな生物は水の中に住んでいます。なぜ小さいものが水中におり、陸上を歩いていないのかは、サイズの問題です。第1章で見たように、体の小さいものは体積あたりの表面積が大きくなります。水は体の表面を通して出入りしますから、もし体の小さなものが乾燥した地上にいれば、水がどんどん大きな表面から逃げていき、たちまち干からびてしまうでしょう。水っぽくなければ生命は活発に働けません。だから小さいものたちは水の中や湿っぽい環境でなければ住むのがむずかしいのです。もちろん部屋の中にもカビの胞子などが、うようよと空中をただよっているのですが、これは乾燥に耐える状態のもので、生命活動としては不活発な時期のものです。これが湿ったところに着地してはじめて活発な活動を開始できるのです。

活発に動く小さいものは水の中にいますから、泳ぐのが主たる移動運動様式になります。泳ぐのなら魚のように筋肉を使ってもいいようなものですが、繊毛を使います。なぜでしょう?

じつはこれにもサイズがかかわっています。魚は筋肉で、原生動物は繊毛で、というように、動物の種類で決まるというわけではありません。これはわれわれ自身を考えてみればわかることです。今こうして筋肉を使ってページをめくっている私たちも、もっとずーっと幼かった頃には、精子として、鞭毛を振り動かして母親の胎内を泳ぎ上っていたのです。魚だって精子の時は鞭毛で泳ぎます。サイズの小さい時には繊毛・鞭毛を使うものです。

なぜそうなるのかを、表面積と体積の関係から考えてみましょう。水を押すには押す表面が必要です。体の表面に凸凹をつける、つまり毛を生やせば、それだけ表面積が広がりますから、押す力も増えるでしょう。体の表面に繊毛をどんどん生やしていけば、より速く泳げるようになります。

さて、進化の過程でさらにサイズの大きな生物が登場してきたのですが、じつはサイズが大きくなると、繊毛にとって状況は厳しくなってきます。表面積は体長の二乗に比例し、体積は体長の三乗に比例します。だから体積あたりの表面積は長さに反比例して減っていきます。体の大きいものほど図体の割には表面積が小さくなるのです。繊毛を生やせる表面が相対的に減るのですから、大きいものほど繊毛は使いにくくなってしまいます。

そこでかわりに登場してくるのが筋肉です。繊毛は表面積に依存するのですが、筋肉は体積に依存します。筋肉のできる仕事の量が体積に比例するからです。仕事とは、ある力を出してある距離を動かすことです。「仕事＝力×距離」。力の方は筋肉の太さに比例します。太ければ力の発生源であるミオシンやアクチンの繊維の本数が多くなるからです。筋肉が縮む距離は、筋肉の長さに比例します。ミオシンやアクチンの繊維は筋節というユニットをつくっていました。これが連結して長い繊維になっています。このユニット一個一個が短縮するわけですから、ユニットがたくさん連結した長い筋肉ほど、縮む距離は長くなります。

だから「仕事＝力×距離」の式の「力」のところを断面積で、「距離」のところを筋肉の長さで置き換えることができます。すると「断面積×長さ＝体積」ですから、結局、筋肉のできる仕事は体積に比例することになります。

筋肉は体積に依存し、繊毛は表面積に依存するエンジンです。体積あたりの表面積は体の大きいものほど小さくなりますから、サイズの増大にしたがい、表面積に依存する繊毛から、体積に依存する筋肉へとエンジンが切り替わるのはもっともなことです。実際、体長が一ミリ以上のもので、繊毛を使って泳ぐものはほとんどいません。

繊毛は円柱形

繊毛は太さが〇・二マイクロメートル、長さは一〇〜一五マイクロメートルほど。プロポーションとしては、直径が二センチで長さが一メートルの棒と同じですから、かなり細長い円柱形です。断面を電子顕微鏡で見ると、一番外側に細胞膜があり、そのすぐ内側に8の字形をしたものが九個、時計の文字盤のように、周囲にぐるっと丸く配置されています（図6－1）。時計の針の中心の位置にも丸いものが二個置かれています。この丸が微小管と呼ばれる管の断面です。8の字の方も二本の微小管がくっついてできたものです。8の字が九本と中心に二本ですから「9＋2」構造と呼ばれています。微小管は繊毛の付け根から先端まで走っていますので、繊毛のどこを輪切りにしても、金太郎飴と同じで、9

+2構造が見られます。

さらに細かくみると、8の字から二本の腕が隣の8の字に向かって突き出しているのがわかります。腕はダイニンというタンパク質でできており、この腕で隣の8の字をつかんで、下から上に押し上げます。隣の8の字形の微小管を上に滑らすのです。すると繊毛が曲がって打つことになります。ダイニンが微小管を滑らす時にATP（アデノシン三燐酸）のエネルギーが使われます。ダイニンはATP分解酵素としても働いています。

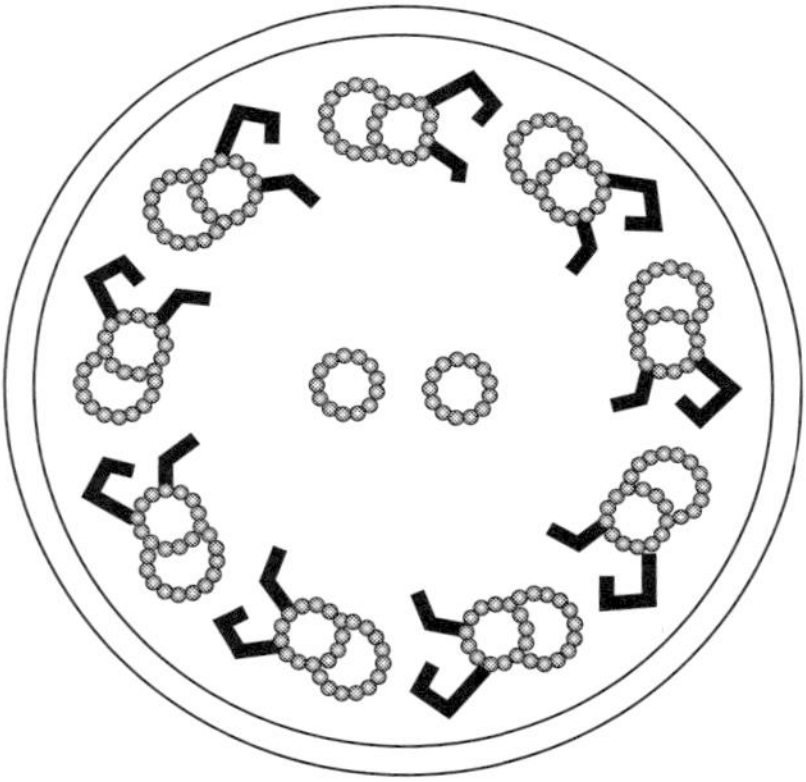

図6-1　繊毛断面の9+2構造

微小管を二本だけに省略した繊毛の縦断図を描いてみました（図6-2）。これが曲がるとすれば、カーブする内側の微小管が縮んで短くなればいいと思われませんか？　ところが微小管は縮まないのです。もし微小管の長さが変わらずに曲がるとすると、どうなるでしょうか？

これはこの本を使ってためしてみるとわかりやすくなります。本の背を机につけてまっすぐに立て、手で背のところを押さえながらもう一方の手で本を曲げてみましょう。たしかに曲がりますね。この時、紙自身の長さが変わっているわけではありません。ページとページとが滑り合ってずれているのです。曲がった内側の表紙は外側の表紙より、先端がずれて突き出ています。トラック競技でインコースの選手は少し後ろからスタートしますが、それと同じで、根元をゴールとすると、同じ距離になるためにはカーブの内側の方の

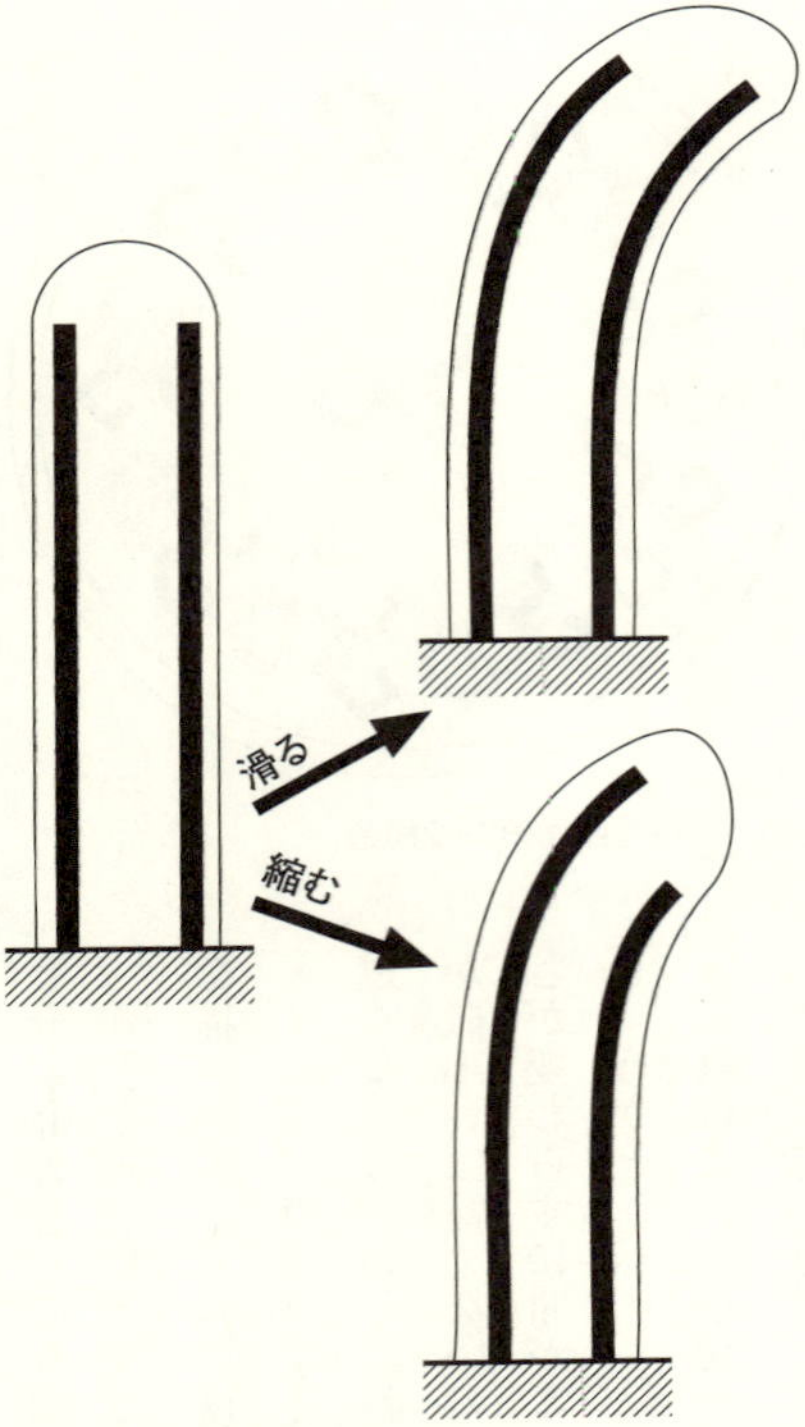

図6-2　繊毛が曲がる際に、内側の微小管（黒い棒）は縮むのか滑るのか?

先端が突き出るのです。曲がるためには、内側が縮むか、内側が滑り出るかの、どちらかが起こっていることになります。

微小管は滑るのか、それとも収縮するのかという疑問に、最初に答えをだしたのがピーター・サティアでした。微小管は、さっきの本の背と同じで根元が固定されています。だからもし滑るのならば繊毛の先端では、カーブの内側の微小管の方がより先へと突き出、収縮するのなら内側がより引っ込んでいるはずです。サティアは、曲がった繊毛の先端から順に繊毛の輪切りをつくり、電子顕微鏡で観察しました。やってみると内側のものが先に見えてきました。繊毛は滑っていたのです。現在では微小管同士が実際に滑る様子を顕微鏡の下で観察できるようになっています。

サティアはその後一年ほど日本に滞在し、当時大学院生だった私と二人で貝のえらの繊毛の研究をしました。彼の机の上には、滑って曲がるプラスチック製の繊毛の模型が飾ってありました。五〇年近くも前の話です。

ここで筋肉と繊毛の動くメカニズムについて、おさらいしておきましょう。筋肉の場合にはアクチンとミオシンという二種類の繊維があり、ミオシンの繊維から出ている「手」がアクチン繊維を滑らせます。繊毛の場合は、微小管という細長い管から出ているダイニンの「手」が隣の微小管を滑らせます。だから繊毛にしても筋肉にしても、細長いものから手が出ていて、その手が隣の細長いものを引っ張って滑らせることによって運動が起こっています。そしてどちらの手もATP分解酵素の作用をもっており、滑らせる時にATPを分解してそのエネルギーを使います。繊毛と筋肉とはとてもよく似ているのです。ただし、大きな違いもあります。筋肉は縮むのですが、繊毛は曲がります。

筋肉は紐だという話をしました。アクチンの繊維もミオシンの繊維も細い紐です。紐ですから引っ張りの力には強いのですが、逆に押したり曲げたりする力に対しては、まったく抵抗できません。一方、繊毛は曲がることにより水を掻きます。繊毛一本が自分で曲がったりピンと伸びたりを繰り返して働いています。これは紐にはできないことです。

繊毛の断面図を見て下さい（図6－1）。微小管は紐ではなく管なのです。チューブリンという粒状のタンパク質が一三個、ぐるりと周囲に並んで管をつくっています。その管が時計の文字盤のように配置され管同士が腕でつながって、さらに大きな管を構成しています。曲げに強いように断面二次モーメントを大きくするには、円筒、つまり管にすれば良いということを前章でお話ししましたね。繊毛はまさにそのようにできています。筋肉は紐、繊毛は管なのです。紐は縮むことしかできませんが、管は曲がったり伸びたりして働くことができるのです。

ラッパムシの戦略

管と紐を体の中で使い分けている良い例があります。ラッパムシです。これはゾウリムシと同じ繊毛虫の仲間の単細胞生物で、名前の通り先の広がったラッパ形をしています。ラッパの吹口（体の細い方の端）で池の底に沈んでいる小枝などに付着しています。体長は伸びた状態で約一ミリ。単細胞生物としては特別に大きいものです。ラッパムシは振動を感じると、体をすばやく縮めて丸まります。体長が五分の一にもなるのですが、そうなるのに千分の一秒ほどしかかかりません。ものすごい速度で縮みます。そしてしばらくたつと、ゆっくりと伸びて体は元の長さに戻ってきます。

この体の伸び縮みには二種類のエンジンが関係しています。体（すなわち細胞）の表面のすぐ下に、二種類の繊維が体の長軸方向に並んで走っていますが、これがエンジン。マイオネームとkm繊維です。

縮むのはマイオネームの仕事です。マイオ（筋肉のような）ネーム（糸）と名付けられたこの細い糸。糸をつくっているタンパク質は筋肉のものとは違いますが、紐状になっている点では同じです。紐の悲しさ、収縮はできても、自力で伸びることができません。伸ばしてくれる相手が必要です。筋肉の場合には拮抗筋というシステムを構成して働いていました。ところがラッパムシは細胞一個が体そのものです。他の細胞に助けてもらうわけにはいきません。このようなもので拮抗筋のようなシステムをどうやってつくるかは問題でしょう。

ラッパムシの解決法は、伸びるための専用のエンジンを同一細胞内にもつことでした。これがkm繊維です。繊維といっても糸ではありません。km繊維の横断面を電子顕微鏡で観察すると、薄い板が何枚も重なって見えます。薄板をよく見ると、輪が横一列に並んでできています。この輪が微小管の断面なのです。つまり微小管が側面でつながってパイプオルガンのパイプの列みたいに一列に並んで薄くて長い板になっているのです。こんな薄板が、何層にも積み重なってkm繊維はできています。体が縮んだ時には、多くの薄板が重なってkm繊維は厚くなっていますが、伸びる時には、板と板とが互いに滑り合い、ちょうど望遠鏡の筒を伸ばすようにスルスルと滑って伸びていきます。板そのものは薄くて長いものですが、そんな長いものが曲がりもせずに伸びていけるのは、板が管でできており、圧縮や曲げに強い形をしているからでしょう。

ラッパムシはゾウリムシと同じ繊毛虫の仲間ですから、繊毛をもっています。ラッパムシは池の底の落葉などに固着しており、普段は泳ぎ回ることはありません。繊毛の主な役目は餌を集めることです。ラッパの開いた口のまわりには、たくさんの繊毛が生えており、これで水流を起こして、それに乗ってくるバクテリアや単細胞の藻類など、手当たりしだいに飲み込んでしまいます。でも繊毛を使って泳ぐことも、ないわけではありません。付着場所を変える時などにはゆっくり泳いで移動します。

筋肉よりも速く縮むエンジン

ラッパムシをはじめスピロストムムやツリガネムシなどの大形の繊毛虫は、繊毛に加えて、動くためにマイオネームやスパスモネームと呼ばれる特別なエンジンを備えています。マイオネームの特筆すべきところは、その縮む速さです。筋肉よりも速く、今までに知られている一番速い筋肉の、さらに一〇倍も速く縮むのです。速度からみれば、筋肉よりずっと優れたエンジンです。なぜ大形繊毛虫に、こんなものすごいものが進化してきたのでしょう?

これもサイズの問題として考えることができます。大きいものほど図体の割には表面積が小さく、繊毛という表面に生やした毛で泳ぐのは不利になると先ほど申しました。その生物がどれだけ有能な泳ぎ手かを知る目安として、一秒間に自分の体長の何倍の距離を泳ぐか(相対速度)を使いますが、繊毛で泳ぐものでは体が大きいほど相対速度が小さくなるのです。

たとえばテトラヒメナやヒメゾウリムシなど、体長が〇・一ミリ程度の繊毛虫は、一秒間に体長の一〇倍泳ぎます。これは魚と同程度で、なかなか達者な泳ぎ手だと言うことができます。体がより大きくなると体長に反比例して相対速度は減少し、体長一ミリ程度のスピロストムムでは一秒間に自分の体長と同じくらいの距離しか泳げません。繊毛を使うと大きいものほど下手な泳ぎ手になるのです。だから大形の繊毛虫では、敵から逃げるなどという非常時の行動を、繊毛に頼るわけにはいきません。

そこでマイオネームの登場となったのでしょう。マイオネームを使えばすばやく身を縮めて難を逃れることができます。しかしそれにしても、マイオネームの収縮の速さは、尋常のものではありません。なぜこれほどまでに速い必要があるのでしょうか?

これこそがサイズの問題なのです。泳ぐものにとっては、体長一ミリ前後を境に、事情が大きく変わります。同じ泳ぐといっても、これより大きいものと小さいものとでは働く力が違ってくるのです。

泳ぐためには水を押します。水は流体ですから押されれば流れますが、流されることに抵抗して、押すものを逆に押し返します。この水の押し返す力により、泳ぎ手は前に進んでいけるのです。さて水の抵抗力には二種類あり、どちらの力がより大きく効いてくるかがサイズによって変わります。

抵抗力の一つは慣性力です。物は何でもその場所にじっと留まっていようとする傾向があり、これが慣性ですが、水の慣性が、押されて流されることに抵抗し、力を出します。これが慣性力で、慣性力は質量に比例します。質量は長さの三乗に比例しますから、長さがちょっとでも増えると慣性力は大きくなります。サイズの大きいものは、この水の慣性力を使って泳ぎます。逆に長さが小さくなると、慣性力は急速に小さくなっていき、この力を使って泳ぐのは困難になってきます。

そこで、サイズの小さいものでは、もう一方の抵抗力が泳ぐ際の主役になります。これが粘性力で、水の分子間の引力から生じます。水の分子は互いに弱い力で引き合っていますから、サラサラと流れてしまうことに対して抵抗します。サイズが小さいということは、より分子のサイズに近づくということで、小さいものにとっては水分子間の引力が無視できなくなるのです。水がサラサラではなくネバつくように感じられるのが小さな生物。この水のネバつきが粘性であり、粘性による抵抗力が粘性力です。サイズが小さければ慣性力は無視できますから、小さいものは水の粘性力を使って泳ぐことになります。

私たちのようにサイズの大きいものにとっては、水はサラサラと流れていくものであり、大量の水を後ろに押し流すことで大きな慣性力を得て前に進みます。一方サイズの小さいものにとっては、水はネバっこいものであり、粘る環境を繊毛で押して粘性力により前に進んでいきます。泳ぐといっても水飴の中をかき分けかき分け進む感じでしょう。

じつは粘性力が支配的になるか慣性力が支配的になるかは、サイズ（体長）だけではなく、速度も関係します。小さくてゆっくりしたものが粘性力の支配する世界の住人、大きくて速いものが慣性力の世界の住人です。水中の生物の場合、粘性力から慣性力へ切り替わる境目が体長一ミリ前後のところです。つまりラッパムシやツリガネムシ、スピロストムムなどの大形繊毛虫は、この境目に位置しているものです。体の大きさがちょうど境目ですから、動くスピードを変えると、自分で慣性力と粘性力とを切り替えることができます。ゆっくりなら粘性力、速ければ慣性力というように使い分けがきくのです。

働いている物理力が違うとすれば、これは違う世界といっていいのかもしれません。繊毛で泳いでいる時には、これらの大形繊毛虫は粘性力の世界の住人。ところがマイオネームですばやく縮む時には、慣性力の世界の住人になります。境目の位置を利用して、二つの力を使い分け、二つの世界を住み分けているとも言えるでしょう。

慣性力と粘性力とを使い分けると、どんな良いことがあるのでしょうか？　粘性力が支配的な世界では、環境が粘りついてきます。だから敵が来たから逃げようとしても、自分が動けば環境も、それに敵までも、一緒にズルズルと引きずってしまうわけで、これでは逃げようにもなかなか逃げられません。でも、ものすごく速く縮めば、粘性力の世界から慣性力の世界に移れますから環境は粘りついてこず、敵を振り切ることができるでしょう。

たった細胞一個で体ができているラッパムシ。これが繊毛、マイオネーム、ｋｍ繊維と、三種類ものエンジンをあざやかに使い分け、住んでいる世界までをも使い分けています。単細胞だといってあなどるわけにはいきませんね。

バクテリアの回転モーター

繊毛虫よりももっと小さいバクテリアのサイズになると、さらに事態が変わってきます。バクテリア（細菌）の体長は千分の一ミリ前後。ふつうの動物細胞の、さらに十分の一の大きさです。こんな小さな世界では泳ぐこと自体の意味が違ってきます。分子は熱運動によりたえずフラフラ動いていますが、この動きはとても小さく、私たちの目にはもちろん見えません。私たちの動きに影響を与えるというものでもありません。でもバクテリアほど小さくて分子のサイズにかなり近いものになると、まわりの分子の動きが無視できないものになってきます。

バクテリアが泳ぐために使う装置も、他のものとは違っています。体表に細い毛を生やし、それで泳ぐという点では、バクテリアも精子やゾウリムシと同じなのですが、じつはこの毛が回転運動する特別なものなのです。「バクテリアべん毛」と呼ばれていますが、精子鞭毛や繊毛とはまったく別のものです（ここでは区別するために、平仮名で「べん毛」と書いておきます）。バクテリアのべん毛は太さが五万分の一ミリ。繊毛のさらに一〇分の一で、繊毛の構成員である微小管一本分の太さしかありません。顕微鏡でも見えないほど細いものです。ただし特別な方法を使うとべん毛が回転している様子を観察できます。べん毛はワインのコルク抜きのように螺旋を巻いており、これがべん毛の付け根にあるモーターによって一秒間に一〇〇回転ほどの高速回転をしています。

ただの紐をモーターにくっつけて振り回しても推進力は生まれません。推進力を得るためには、斜めにねじれたものを回す必要があります。スクリューや扇風機の羽は斜めにねじれていますし、螺旋も斜めにねじれたものです。螺旋が回ると進むように見えるのは、赤・白・青の理髪店のマークでおなじみですね。ネジも回せば進みます。ワインのコルク抜きも、いわば回転しながらコルクの中を「泳ぎ進んでいる」わけです。螺旋は回れば進むのです。だからべん毛を螺旋に巻いてこれを根元にあるモーターに接続すれば推進装置になります。モーターの「燃料」は水素イオンです。といってもバクテリアは水素を燃やしているわけではありません。水素イオンの流れを起こし、これでモーターを駆動します。

回転する運動装置はバクテリアべん毛以外に、生物界では知られていません。大変めずらしいものです（ただし水素イオンの流れで回転するものは、べん毛以外にも、ミトコンドリアや葉緑体でATPをつくる装置に存在しています）。なぜバクテリアだけが回転式運動装置なのでしょう。他の生物は、繊毛であれ筋肉であれ往復運動です。バクテリアべん毛が鞭毛や繊毛のように動いて泳ぐことはできないのでしょうか？

これはバクテリアべん毛がたいへんに細いことと関係があるのではないかと私は考えています。バクテリアべん毛の太さは繊毛の一〇分の一。長さの方は一〇マイクロメートルですから繊毛と同程度です。つまり長さは同じで太さは一〇分の一なのです。繊毛のプロポーションが長さ一メートルで太さが二センチの棒と同じだと先ほど言いましたが、べん毛は長さが一メートルで太さが二ミリの棒と同じ、これは棒というよりも細い竹ひごみたいなものです。断面二次モーメントが太さの四乗に比例することを考えると、形の上では繊毛の一万倍も曲がりやすいのがバクテリアのべん毛です。こんな細いヘニャヘニャしたものでどうやって水を押して進むかは大問題でしょう。

バクテリアべん毛を輪切りにしてみると、フラジェリンと呼ばれる粒状のタンパク質が一一個、グルッと周囲に並んで壁をつくっています。中心部は抜けていますので、これは紐ではなく管です。管は紐に比べてずっと曲げに強い構造であり、バクテリアべん毛がこのような形をとっているのは、曲げに対する配慮があるのでしょう。

バクテリアべん毛はたった一種類のタンパク質からできています。これはべん毛が簡単な構造をもつことと対応するのですが、このことも非常に細いことと関係しているでしょう。細ければ複雑な構造をとることができません。単純な構造のものは単純なことしかできないものです。バクテリアべん毛は自分で力を発生して動くわけではありません。ここが繊毛との大きな違いです。繊毛は、より太く複雑なものですが、タンパク質の種類も多く、力を発生するタンパク質（ダイニン）や、その力を伝える構造である微小管をつくるタンパク質（チューブリン）をはじめ、さまざまなタンパク質で構成されています。こういう複雑なシステムをもつからこそ毛自身が力を発生でき、繊毛打にともなう毛のいろいろな形や硬さをつくりだせるのでしょう。バクテリアべん毛ほど細くては、毛自体が能動的に力を発生するようにつくることは困難なように思えます。

バクテリアべん毛は自力では動くことのできない「ただの毛」です。べん毛をつくっているタンパク質フラジェリンは、髪の毛のケラチンと似たものです。こういう細長い毛を、根元を持って振っても有効な推進力は得られません。でもこれを螺旋に巻いて回せば推進力が得られます。螺旋とは筒状に巻かれたコイルのようなものですから、管状の構造物と言えなくもありません。螺旋に巻けば、伸びたままの細いものよりは曲げに対する問題は少なくなります。本章では生物の運動装置を「紐か管か」という視点で考えてきましたが、バクテリアべん毛は、べん毛自身のタンパク質の並び方においても、べん毛が螺旋として巻いている点でも、管として働いているとみなせるでしょう。このように螺旋の管を回すことにより、複雑な構造をした毛をもたなくても、ちゃんと泳げるようにしているところが、バクテリアの工夫だと私は考えています。

逆の方向から考えた方が、話は素直だったかもしれません。そもそも運動能力などない小さな一つの細胞からバクテリアは進化してきたはずです。こういうものが動こうと思ったら表面に毛を生やして動かせばいいでしょう。その時、最初から毛自体が運動能力をもつような、そんな高級な毛を開発するとは思えません。まず「ただの毛」を生やしてそれを根元で振り動かすというのが順序だと思います。毛はなるべく簡単につくれる方がいい。バクテリアべん毛では、ばらばらにしたフラジェリンのタンパク分子を溶液にしたものからでも、ひとりでに分子が寄り集まってべん毛が形成されます。

最初は毛は一本しか生えていなかったでしょうが、原始のバクテリアにおいて進化とともにだんだんとサイズが大きくなると、毛の本数も増えていったでしょう。数が増えれば、毛の細さをカバーする工夫もできます。べん毛を何本も束ねて使えるからです。現生のバクテリアでは、べん毛の数は種類によってずいぶん違い、一本だけしかない緑膿菌《りょくのうきん》や、べん毛をまったくもたない赤痢菌《せきりきん》のようなものもいますが、多くのバクテリアは何本かのべん毛を生やしており、中には一〇〇本以上もつ変形菌のようなものもいます。サルモネラ菌だと体長が二マイクロメートル、直径が〇・五マイクロメートルの円柱形の体ですが、この体に七～八本のべん毛が生えています（毛の本数は培養条件によっても変わります）。べん毛は体長の五倍程度の長さがありますから、たなびくほど長い感じのものです。このべん毛一本一本が回転します。回転しはじめるとべん毛同士はもつれあって、あたかも一本のべん毛のようにまとまって回るようになります。べん毛が寄り集まって太くなって働くのです。ばらばらに回転しているよりは、まとまって太くなった方が、細いという欠点をカバーできるのかもしれません。

バクテリアべん毛はただからまっているだけです。バクテリアは方向を変える時モーターを逆転させますが、逆転するとたちまちべん毛はばらばらになってしまい、バクテリアの向きが変わります。しばらくするとモーターの方向が元通りになり、べん毛は、またまとまって束になり、体を前に押し進めていきます。

回転するモーター。これは私たちにとってお馴染みのものですね。船のスクリュー、自動車の車輪、飛行機のプロペラと、乗り物のほとんどが回る駆動装置を使っています。ところが生きもの世界では、バクテリア以外に回転する駆動装置をもつものはいません。なぜ陸上の動物が車輪を使わないかについては本章の最後で考えることにしますが、話を泳ぐものに限ってみても、もっと太い螺旋やスクリューや外輪船のような輪を回して進むものは、バクテリア以降の進化の過程で出てきませんでした。理由はわかりません。バクテリアは原核生物と呼ばれる仲間です。この仲間から真核生物が進化してきました。真核生物とは現在のほとんどの生物が属するもので、植物も動物も単細胞のゾウリムシもみな真核生物です。原核生物と真核生物とでは体のつくりが大変異なります。運動装置も原核生物から真核生物への進化の過程で、まったく違ったものになってしまいました。

バクテリアは真核生物より古い時代に登場したものです。だからといってバクテリアべん毛が運動装置として劣っていると単純に考えてしまってはいけないでしょう。バクテリアの遊泳速度は秒速数十マイクロメートル。繊毛で泳ぐものは秒速一ミリメートルほどですから、速度の絶対値で比べればたしかにバクテリアの方が遅く、だからこそバクテリアはゾウリムシの餌食になってしまうのですが、速度の絶対値だけで即断しては、バクテリアに失礼にあたります。サイズが大きいものほど、たくさんの餌がいりますから、より広い範囲を泳ぎ回って餌を集めねばならず、遊泳速度も大きくなければなりません。小さければ泳ぐべき距離も小さく、遅くても支障はないでしょう。フェアな判断を下すには、体の大きさを考慮した遊泳速度（相対速度）で比べる必要があります。バクテリアは一秒間に数十マイクロメートル、つまり自分の体長の一〇倍程度の距離を泳ぎます。筋肉を使って動くものでも、泳ぎの達者な繊毛虫でもこの程度ですから、バクテリアべん毛は、繊毛や筋肉と比べて、けっして遜色のない運動器官だと言えるでしょう。

バクテリアの世界では環境が「泳ぐ」

バクテリアの泳ぐ速度を考える際には、サイズの大きい生物と根本的に事情が違うことも知っておかねばなりません。バクテリアほど小さい場合には自分が泳いで移動する速度に比べて、まわりで分子がフラフラと動き回っている速度が無視できないくらい大きいのです。

熱運動により分子がフラフラと移動していくのを拡散と呼びます（本書でたびたび出てきましたね）。拡散による移動の大きさは温度によっても分子の大きさによっても変わり、小さい分子ほど、また温度が高いほど速く拡散します。室温において比較的小さな分子が水中を一秒間に動く距離は四五マイクロメートル程度。バクテリアの体長が一マイクロメートルですから、まわりの分子が一秒間に自分の体長の四五倍もピューッと動くわけで、環境がものすごい勢いで動き回っていることになります。バクテリア自身より、環境の方がもっと速い速度で「泳いで」いるのです。

ということは、わざわざ自分で泳いでいかなくても、食べものの分子がこっちに泳いで来てくれるわけで、口を開けて待っていれば、食物は向こうから飛び込んで来てくれるという寸法です。ベルトコンベアに載って、食べものがどんどんやって来るようなものです。私たち動物は、積極的に動いていって食物をつかみ取らねばなりません。ひたいに汗して働く必要があるのです。こういう宿命を背負ったわれわれから見ると、バクテリアの世界もなかなか魅力的なものに感じられますね。

こんなふうなら、バクテリアは泳ぐ必要などないように思われますが、そうそう世の中甘くはありません。食べものがどんどんやって来るのは、環境中に食物の分子が存在する場合だけです。食べものがなければ、いくら待っていてもだめです。ベルトコンベアは回っていても、ベルトの上には何も載っていないという状況です。バクテリアも食べものののある環境を探して泳ぐという苦労は、やはりせねばなりません。でも一度良い環境を見つけてしまったら、そこで口を開けて待っていれば食べものは向こうからやって来てくれます。

バクテリアほど体が小さいと楽なことが他にもあります。体に取り込んだ食物分子は、何もしなくてもひとりでに拡散により体のすみずみまで動いていってくれるのです。一マイクロメートルの体長なら、体の端から端まで動くのに要する時間は千分の一秒もかかりません。あっという間です。だからバクテリアは心臓も血管もなくてすみ、体の中で物質を運搬するための特別の循環系は必要ないのです。

小さいことは、このように良いことも多いのですが、どうしても、できること（機能）に限りが出てきます。新しい機能を獲得するには新しい酵素分子が必要で、その分子を入れるにはスペースがいりますから、大きい体が必要になってきます。

体が大きくなると、拡散だけにものの輸送をまかせておくわけにはいかなくなります。拡散で動くのに要する時間は動く距離の二乗に比例するので、距離が一〇倍になれば一〇〇倍時間がかかり、距離が一〇〇倍なら一万倍と、生きもののサイズが大きくなるにつれ、その距離をカバーするのに格段に時間がかかるようになります。体が大きいものでは、食物や酸素の輸送を拡散に頼っていては、消費の速度に補給が追いつかなくなってしまいます。体の中の輸送手段として循環系が必要になりますし、自分で動き回って餌を探さねばなりません。そこで大きな体を動かす筋肉が必要になってきます。こうして循環系と筋肉とをつくり出す中胚葉が進化してきたのでした。

動物はなぜ車輪を使わないのか

前章と本章とで、動物や単細胞生物の運動について見てきました。筋肉を使って泳ぐにせよ走るにせよ飛ぶにせよ、いずれも体を振り動かして進みます。繊毛で泳ぐ場合もそうです。モーターのようにクルクル回転するものはバクテリアべん毛だけです。

ところが人間のつくった乗り物はというと、これは回転するものばかりです。陸上では、自動車、電車、自転車、すべて車輪を回して走っていますし、水の上ではスクリュー(昔は外輪船などというものもありました)、空ではプロペラ。ジェットエンジンだって、羽を回して空気の流れをつくっているのですから、やはり回転のお世話になっています。回転を使わない乗り物としては、オールや櫓《ろ》や帆を使う舟、それにロケットぐらいでしょうか。

「人工物は回るものを使って動く。生物は運動に回るものを使わない」という言い方は、広くあてはまります。これは陸上を走るものに関しては、例外はありません。いくらまわりを見回しても、車輪を回して走っている動物にはお目にかかれないのです。なぜなのかを考えてみましょう。

昆虫であれ、われわれ四足動物であれ、みな長い脚をもっており、てこの原理を使ってすばやく走るのだと繰り返し述べてきました。この見方に立てば、車輪はてこではないから動物は使わない、と考えてしまうかもしれません。でも、車輪もてこの一種とみなせるものです。図6-3のように、車輪のスポークのかわりに軸から脚を生やしてみましょう。軸が回ると、根元よりも、脚先の速度はずっと大きいですね。これは脚がてことして働いて速度を増幅しているからです。脚の数を多くすれば、つま先とかかとはくっついて輪になりますから、結局、これは車輪。車輪もてことみなせるものなのです。

振子のように振れる脚と車輪との最大の違いは、「脚」の動く方向が一定か絶えず変わるかというところです。スポークが脚でできた車輪では、脚はいつも同じ方向に動いていますが、動物の脚は前後に振れます。このように脚を振って進むやり方は、前に振り出したものをいったん止めて後ろに蹴りと、脚の向きが変わります。方向を変えるのには大きなエネルギーがいります。また、脚を上げ下げして体の重心も上下しますから、重力に対してもエネルギーを使うのです。一方車輪は、回転方向は変わりませんし、車軸の位置は地面から一定の高さに保たれていますから重力に対する仕事もしません。だから車輪は大変に効率の良いものです。歩くよりも走るよりも、自転車に乗れば楽に行くことができるのは、無駄なエネルギーを使わないからです。

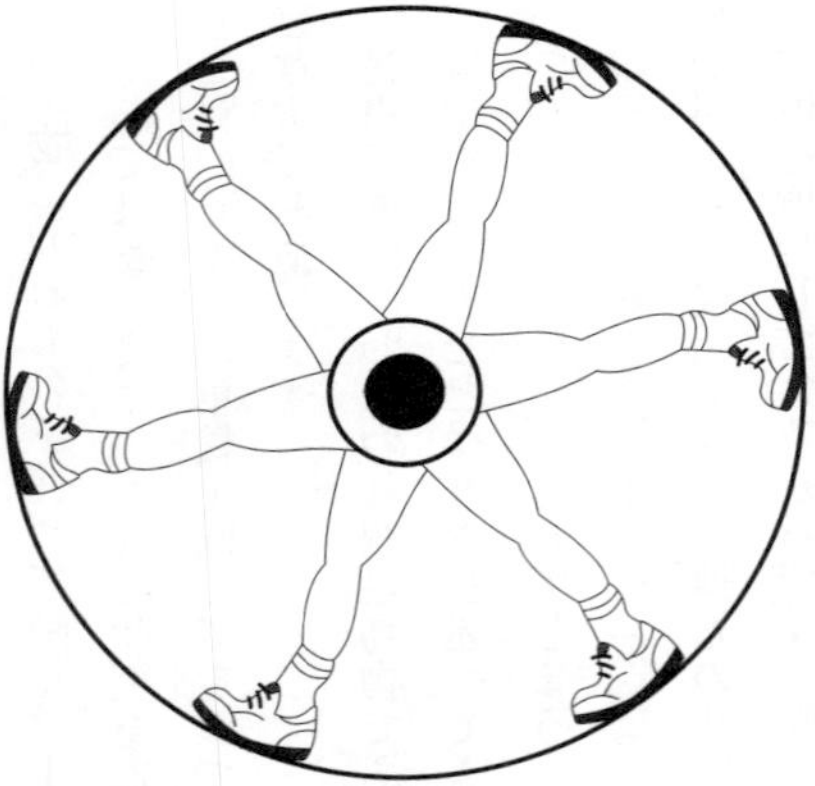

図6-3　車輪もてこである

車輪はこんなにも優れたものなのですが、動物たちは使いません。どうしてでしょう？理由は堅くて平らな地面でないと、車輪はうまく回らないからです。地面が堅くないと、車輪はとたんに効率が落ちます。私たちの足は、地面をずるずるといつも引き擦って歩いているのではなく、片足が地面を踏みしめている間に、もう一方の足は空中を前に進んでいきます。だから地面と足との摩擦が大きくても、歩く効率にあまり影響はないのですが、車輪の場合はいつも地面を擦って回るのですから、地面がネチャネチャ粘りついたりフカフカで車輪が沈みこんだりすると、とたんに摩擦が増え、回転に要するエネルギーが大きくなります。泥道ではコンクリート道路に比べて、回転の抵抗は五〜八倍に、砂の上では一〇〜一五倍にもなり、それだけエネルギーが余計かかってしまいます。

また、車輪はでこぼこ道も苦手です。階段は昇れません。車輪の半径より高い段は昇れないのです。溝をジャンプして飛び越すような芸当もできません。

現実の自然においては、地面はでこぼこだらけです。石がゴロゴロしていなければ草が生えてフカフカしていますし、雨が降ればドロドロ・ネチャネチャします。これでは車輪は使えそうにありません。車輪動物が存在しないのは、納得できることです。

私たちが車輪を使えるのは、堅くて平らなコンクリートの道をつくったからです。おかげで毎日、私たちは車の恩恵に大いにあずかっていますが、ここで忘れてならないのは、車を使うために、街が堅くて平らなものにすっかり変えられてしまったことです。はたして堅くて平らな街は、私たちの丸くてやわらかい体と相性が良いものなのでしょうか？

車のように使い手の住む環境をあらかじめ大きく変えてはじめて使える技術など、とても使い手にやさしい技術とは呼べないでしょう。排気ガスによる温暖化や汚染ばかりが問題にされていますが、じつは車の登場により、私たちの環境が大きく変えられてしまいました。これは環境破壊と呼べる事態だと私は思っています。

動く幸せ

本章と前章を通して、動物のもっとも動物らしいことは動くところだという話をしてきました。ヒトの場合、骨格筋が動くためのエンジンですが、これが体の四五％を占めています。心臓や腸の筋肉を加えれば、体の半分以上は筋肉なのです。もし体の中で細胞たちが多数決をとったとしたら「人間は筋肉だ！」と決まってしまうかもしれません。とすると、どこへ行くにも車を使い、何でも機械にやってもらう現代の便利な生活が、はたして幸せなものかと疑問に思えてきます。半分が筋肉なら、体を動かさなければ体の半分は幸せではないのだ、という単純な議論も成り立ちそうな気もします。もちろん「幸せ」と思うのは脳ですから、筋肉など関係ないのかもしれませんが、やはり筋肉も使ってやってこそ、体全体でなんとなく幸せと感じられるのではないかと私には思われるのです。

筋肉をなるべく使わせない方向へと、技術はこれまで進んできました。ますますその方向に進んでいくように見えるのですが、それではたして良いのでしょうか。動くということが、動いて働くという行為自体が、私たちの幸せと直接結びついているのではないかと、体を動かすことが結構大儀になってきたがゆえの逆説かもしれませんが、近頃そんなふうに考え始めました。そもそも技術とは私たちの幸せのためにあるものです。幸せとはなにかを考え直してみる時期だと私は思っています。

第7章 時間のデザイン

本書では生物の形やサイズを主なテーマとして話を進めてきました。生物は空間の中で生きていますが、その空間をどんな形と大きさで占めているのか、つまり空間の占有のしかたを問題にしたわけです。空間にかかわる生物のデザインについて考えてきたとも言えるでしょう。

そもそも空間とは存在の基本的枠組みの一つです。そしてもう一つの基本となる枠組みが時間。三次元の空間に時間の次元を加えた四次元の時空の中に万物は存在し、私たち生物も例外ではありません。前章でとり上げた「動く」という行為は、空間の占め方が時間と共にどう変わるかという問題です。

この章では生物の時間のデザインについて考えをめぐらすことにしましょう。最後に締めくくりとして、時空のデザインというところまで話が進む予定です。

物理的時間だけが時間だろうか?

いま時間のデザインと申しましたが、時間とは時計で計るもの、万物に共通のものというのが私たちの常識ですね。すべてに同じ時間が同じ速度で流れています。われわれであれ他の生物であれ、時間を自由にできるものではありません。だから「時間のデザイン」などという概念は、成り立ちえないでしょう。

ふつうに考えればそうなのです。しかし、動物には時計で計るのとは違った別の時間があり、それぞれの動物がそれぞれの時間をもっているという考えを、これから述べていきます。いろいろな時間があれば、動物における時間のデザインという見方が成り立つのです。ただしこの考えは共通の時間という常識を否定するものではありません。共通の時間が流れているとして、それを各動物がどう感じ取っているのか、また共通の時間をどんなスピードで生きているのかをここでは問題にしたいのです。このような時間こそが、われわれにとってもっとも身近な時間ではないでしょうか。本章は「実感の生物学」としての時間論です。

私たちがふだん使っている時計の時間は、振子の周期や天体の運行周期という物理現象によって時を計るのですが、このような時間の基礎をなしているのが「物理的時間」という考えです。地球上のすべてのもの、それのみならず宇宙においても同じ時間があてはまり、それは常に同じ速度で一方向に流れている、というのが物理的時間です。これはニュートンにより「絶対時間」として確立されました。

物理的時間では、ゾウであろうとネズミであろうと、われわれ人間であろうと、みな同じ時間が流れており、何ものもこの流れを変えることはできません。時間は不変にして普遍。だからこそ自然を見る枠組みとしていつでもどこでも何に対しても信頼して使えるのです。また日常の生活の枠組みとしても、安心してこれを使って生活できるわけです。とても忙しい現代社会。時間に余裕のない人たちが一緒に仕事をしていけるのは、互いに同じ時間をきっちりと守るからでしょう。そうでなければ歯車のかみ合わなくなった機械のように、大混乱におちいってしまいます。現代においては時間を守るのが最重要ルールの一つ。みながこれをしっかり守るからこそ仕事がスムーズに進められるのです。

とても役に立っている物理的時間なのですが、あまりにも役に立ちすぎるからでしょう、時間といえばこれだけ、としか私たちは考えられなくなってしまいました。本章で述べたいことは、いやいや別の時間もある、生きものがかかわってくると時間はただ一つではないということです。

生物の時間はサイズで変わる

私たちの体で時間のたつのを一番実感できるのは心臓の拍動でしょうね。心臓がドキンドキンと打ち、時をつむぎ出しているように感じられるものです。一分間に六〇〜七〇回、かなり正確なリズムで心臓は打っています。一回のドキンはおよそ一秒です。

ところが動物が変わると、これがおおいに違ってくるのです。たとえばハツカネズミですと、心臓は一分間に六〇〇回〜七〇〇回も打ちます。一回のドキンにたったの〇・一秒

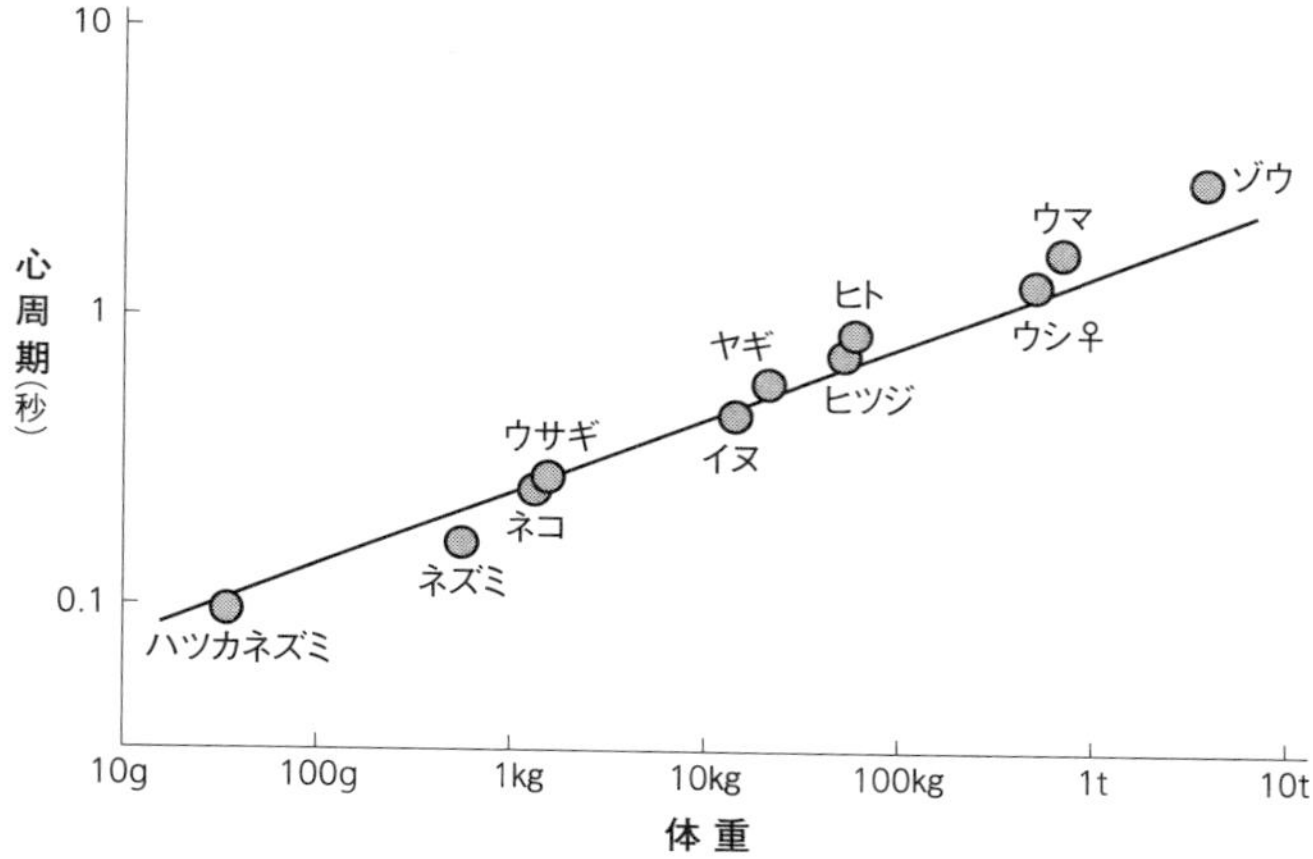

図7-1　心周期と体重の関係

しかかりません。もうちょっと大きいドブネズミだと〇・二秒、さらに大きいネコだと〇・三秒、ヒトは一秒、ウマで二秒、そしてゾウほどの大物になると三秒もかかるようになります。

一回のドキンの時間を心周期と呼びますが、心周期と体重との関係をグラフに表してみましょう（図7－1）。

横軸の数字を見て下さい。ちょっと変わった目盛りのふり方をしていますね。数字は体重なのですが、一〇グラムの次の目盛りが一〇〇グラム、その次が一キログラムというように、一目盛り増えるごとに一〇倍ずつ増えています。体重が一桁増すと目盛りが一つ増えるというものので、このような目盛りが対数目盛です。縦軸の心周期の方も下から順に〇・一秒、一秒、一〇秒と、やはり対数目盛にしてあります。縦軸も横軸も対数目盛のグラフ用紙（両対数グラフ用紙）を用いて、体重三〇グラムのハツカネズミでは心周期が〇・一秒、ヒトは六〇キログラムで約一秒……というふうに点を打っていきますと、ふしぎなことに、点はほぼ直線状に並んできます。

両対数グラフでほぼ直線になるということは、時間が体重のベキ乗の式で近似できることを意味します。

$$t = aW^b$$（tは時間、Wは体重）

という形の式で表せるということです。aとbは定数で、bはグラフの傾きから求めることができ、¼という値になりました。体重をキログラム、時間を秒の単位にとるとaは〇・二五です。だから心周期tは

$$t = 0.25W^{1/4}$$

という式で近似できることになります。

体重がわかれば、この式を使って、その動物のドキンの時間がどれくらいなのかの見当がつけられます。ただし両対数グラフという、桁を問題にするような目盛りのふり方をしたグラフから得られた近似式ですから、出てくる数字は、だいたいそのくらいだという、おおよそのものです。それにしても、心臓の時間がこんな簡単な式で書き表せるとは驚きです。

時間は体重の¼乗に比例して変わります。動物においては、体が大きいものほど時間が長くゆっくりなのです。

ただし¼乗ですから、時間は体重に正比例するわけではありません。体重が二倍になると時間が一・二倍長くなる、体重が一〇倍だと時間は一・八倍ゆっくりになるという関係です。体重の増加に比べ、時間の増加は少ないのです。

このような関係は、心臓だけで見られるのではない、ということがわかってきました。呼吸の時間もそうです。脈をとりながら、一回呼吸する間に心臓が何回打つかを計ってみて下さい。心臓二回で息を吐き、二回で息を吸うようにすると、ちょうど自然な呼吸ができますね。一回息を出し入れする間に、心臓は四~五回打つものです。

おもしろいことに、この関係はゾウでもそうです。ネズミでもそうなのです。その動物の心臓のドキンの時間を四・五倍してやると、肺のスウハアする時間になります。心周期

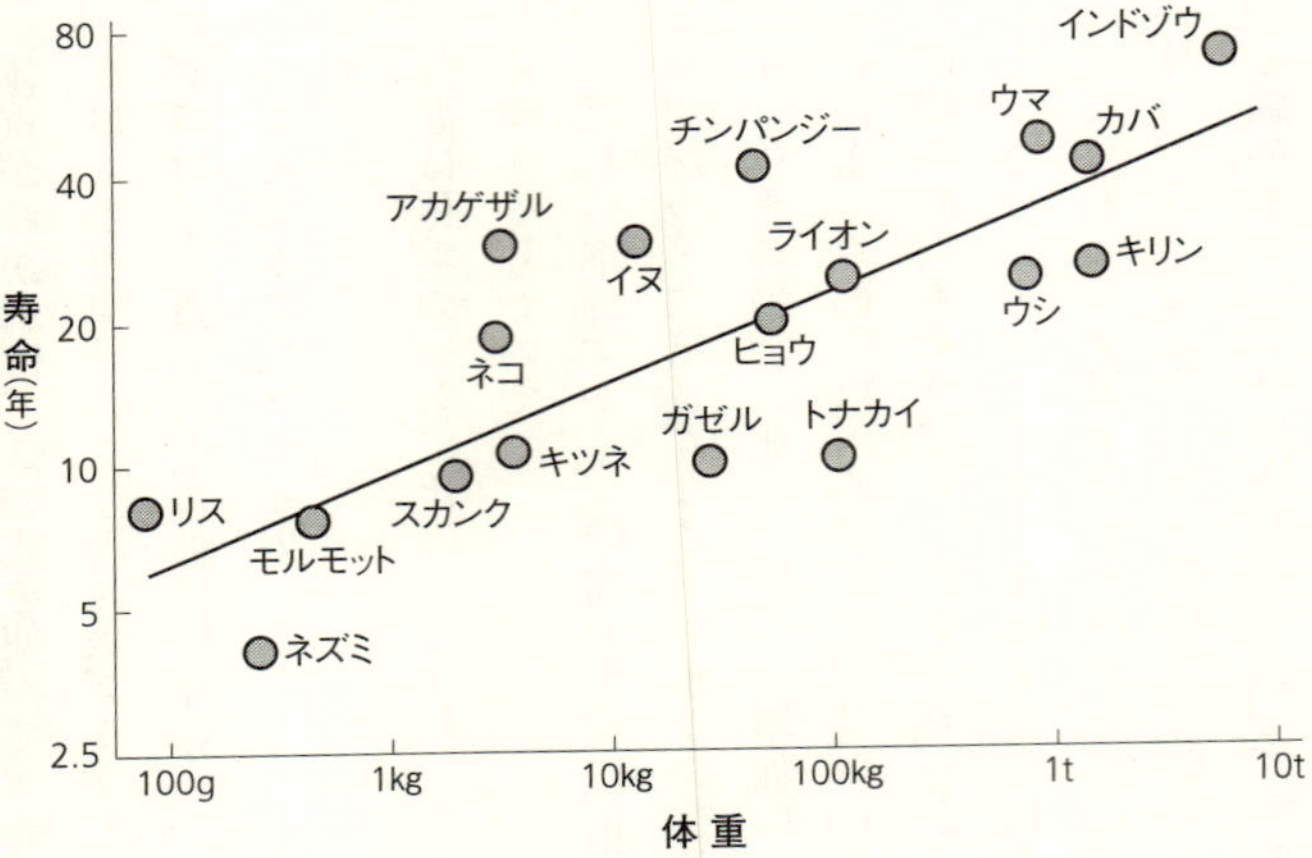

図7-2　寿命と体重の関係

の式の〇・二五（＝a）という数字を四・五倍すれば呼吸の周期の式になるということです。

¼乗（＝b）の方は同じですから、肺の動きもやはり体重の¼乗に比例し、体重が二倍になれば時間が一・二倍ゆっくりになる、体重が一〇倍で一・八倍時間が長くなるという関係は、肺でも成り立ちます。

同様に、腸がジワッと蠕動《ぜんどう》する時間、血液が体内を一巡して心臓に戻ってくる時間、食べたものが排泄されるまでの時間、等々、測定してみると、さまざまな時間が体重の¼乗にほぼ比例することがわかってきました。

ではもっと長い時間、つまり一生涯に

かかわるような時間ではどうでしょうか？

たとえば母親のお腹の中に入っている時間（懐胎期間《かいたい》）。私たちは十月十日《とつきとおか》ですが、ハツカネズミでは二〇日（だから二十日鼠なのですが）、ゾウでは六〇〇日。これも大きいものほど時間が長くかかっています。式をつくってみると体重の1/4乗にピッタリと比例します。性的に成熟するまでの時間、大人の大きさに達するまでの時間なども、ほぼ1/4乗に比例するのです。

寿命も時間と考えていいものでしょう。寿命を計るのはなかなかむずかしいのですが、動物園で飼育されているもので、病気や怪我でなくそれなりに長生きして死んだものの寿命と体重の関係を図にすると、やはり小さいものは早く死に、大きいものは長生きの傾向があります（図7－2）。点はかなりバラついていますが、図から式を求めると、寿命は体重の〇・二乗に比例していました。ピッタリ1/4乗（〇・二五乗）ではありませんが、やはりそれに近い関係です。

もっといろいろな時間についても調べられています。そしてほとんどのもので、時間は体重の1/4乗にほぼ比例して変わるという結果になりました。

「動物の時間は体重の1/4乗に比例する」

と一般化できそうなのです。時間は万物すべてで同じというわけではなく、動物の大きさによって変わるものなのです。

時間の違いを認識する重要性

時間は存在の枠組みです。それが動物によって違うというのです。

この意味するところは重大でしょう。極端な例を考えてみれば、事の重大さがはっきりします。ゾウとハツカネズミとでは体重が一〇万倍違いますが、時間が体重の1/4乗に比例するなら、ゾウの方が一八倍も時間が長くゆっくりだという勘定になります。

本書はNHK教育テレビ「人間大学」の放送原稿が元になっていますが、テレビではこんな映像をつくりました。私がソバを食べているところを撮影し、それを一八倍のスローモーションで再生したものと、一八倍早送りで再生したものとを見比べてみたのです。

スローモーションにすると、画面はほとんど動かないと言ってもいいほどです。口はポカンと開いたまま。一方、早送りにすると、ソバはピュッとなくなってしまいました。

これがそのままゾウとハツカネズミに当てはまるとしましょう。するとネズミから見たゾウは、ただ動かずつっ立っているだけ。「あれは生きているのかしら?」とネズミは疑問に感じてしまうかもしれません。逆にゾウから見れば、ネズミなどピュッといなくなってしまうわけですから、「ネズミなんてこの世にいるのかねえ？」と、やはりいぶかしく思っているのかもしれません。いずれにしても、これほど時間の速度が違えば、その時間の中でどう生きていくかという戦略や、価値観、世界観までもが大きく違っていてもおかしくはありません。ゾウもネズミも、同じ地上に生きていることは確かなのですが、はたして彼らが同じ世界を生きているかどうかは問題にできることでしょう。

これほど極端な違いでなくても、やはり影響は大きいと思われます。体重が一〇倍で時間が一・八倍ですが、これでも相当なものです。もし私が今、一・八倍速く走れるようになったらオリンピックで優勝できます。一・八倍早く仕事ができれば、ほぼ二人分働けるわけですから、超人だ、天才だ、と言われるかもしれません。

ソバを持って口をポカンと開けてほとんど動かない画面。見ていてわれながら馬鹿に見えましたね。そこでハタと思ったのです。私たちは日頃、馬鹿とか利口とかと言ってほめたりけなしたりしているのですが、なんのことはない、馬鹿とはちょっとだけ時間がゆっくりなこと、ちょっと早ければ利口ということなのかもしれません。

ゾウとネズミほどの時間の違いがあれば、これは質的に時間が違うとみなすべきものでしょう。一方、日頃われわれが問題にしている「馬鹿」と「利口」の差は、ゾウとネズミのような大きな時間の違いではなく、ほんのわずかの差、だから質的には違わないもののような気がするのですね。

時間は変わらずすべて同じはずだと、われわれは強く思い込んでいます。だからこそ、ゾウとネズミのような大きな時間の違いの存在には気づかず、逆に自分が感じとれるわずかな時間の差を、なにか他の本質的な違いだと錯覚してしまうのではないでしょうか。時間が違うという観点をもたぬがゆえに、ほんの少しのずれをも大きく問題にし、おかしな差別をしてしまうのかもしれません。間の抜けたスローモーションの画面を見ていて、そう感じました。

「心臓時計」なら時間はみな同じになる

動物の時間はサイズによって変わります。しかしてんでんバラバラというわけではありません。なぜなら心周期であれ呼吸周期であれ、体重の¼乗に比例しますので、二種の時間を組み合わせて割り算をすると、サイズによらない一定値になるからです。たとえば呼吸周期を心周期で割ると四・五という数字が出てきます。息を一回吸って吐く間に心臓は四・五回打つ。これはゾウでもネズミでも私たちでも成り立つ関係です。

では寿命という時間を心周期で割るとどうなるでしょうか?　答えはおよそ一五億。つまり心臓が一五億回打てばみな、死を迎えることになります。

これはずいぶんと不思議な結果です。ゾウの寿命は七〇年ほど、ハツカネズミは三年弱、時計で計った寿命の長さはまったく異なるのですが、「心臓時計」で計ると一生は同じ長さになるということですね。

このことを大学院時代に論文を読んで知った時、時間を見る目が開かれた気がしたものです。物理的時間だけで考えていた時にはてんでバラバラにしか見えなかったものが、心臓時計という、生きものにとって意味のある時間の単位を使って考えると、はっきりとした共通性が浮かび上がってきます。生きもののデザインが見えてくると言ってもいいでしょう。生物のことを考える際には、時間と言えども生物の時間で考える必要があるのです。これは当然といえば当然のことなのですが、大学で生物学を学んだ私自身でさえ、それまで教わったことのない考えでした。

ここまで述べてきたことは哺乳類と鳥類、つまり体温が常に一定に保たれている恒温動物についての結果です。これらにおいては、時計で計った時間が体のサイズによって変わり、体重の¼乗に比例して長くなります。しかしおのおのの動物の「心臓時計」で計るとサイズによらない一定値となるのです。どの動物でも肺の周期は心臓四・五拍分です。腸の蠕動の周期は一一拍分、血液が体を一巡する時間は八四拍分、懐胎期間は二三〇〇万拍分、成獣の大きさに達するのに要する時間は一億五〇〇〇万拍分、そして寿命は一五億拍分となります。

いま「心臓時計」を例にとりましたが、時間の単位は別のものでもかまいません。「肺時計」（呼吸周期）を使って考えますと、血液が一巡する時間は一九呼吸分、懐胎期間は五〇〇〇万呼吸分、成獣の大きさに達するのは三二〇〇万呼吸分、そして三億回息を吸って吐けば寿命ということになります。恒温動物はこのような時間のデザインをもっているのです。

サイズとエネルギー消費量

なぜ時間は体重の¼乗に比例するのでしょうか？　これには動物がどれだけのエネルギーを使うかが関係していると私は考えています。そこでエネルギー消費量について少々述べることにしましょう。

動物は食べなければ生きていけません。熱力学の第二法則という「恐ろしい」法則があります。私たちの体のように、秩序だって複雑な構造物は、放っておけばどんどんと解体して無秩序になっていくというのがこの法則。この解体していこうという傾向（エントロピーの増大）に逆らうには、絶えずエネルギーを注ぎ込まねばなりません。つまり体を維持するにはエネルギーが必要なのであり、食物からエネルギーを得ているのが動物ですから、結局、われわれは食べなければ生きていけないことになります。

食べねば必ず熱力学の第二法則に殺されてしまいます。ではどれだけ食べねばならないのでしょう。その量と体の大きさの関係はどうなっているのでしょうか?

サイズが変わると何がどう変わるのかを調べる学問を「スケーリング」と呼びます。スケールとはものさし、尺度の意味です。動物のスケーリングは、体の大きさとエネルギー消費量の関係を調べることから始まりました。場所は一九世紀のヨーロッパです。ヨーロッパは牧畜がさかんで、冬場はウシやヤギを畜舎に入れて餌を与えねばなりません。どれだけの餌を用意すればいいのかをぜひ知りたいところです。そのためにはエネルギー消費量とサイズの関係を知る必要があります。

動物スケーリングではサイズの指標として体重を使うのがふつうです。体重は測るのが楽ですし、また組織の量を反映するものだからです。動物においてあるものの量（yとする）に注目するとしましょう。それが体重でどう変わるかを、いろいろなサイズの動物を用いて測定したとします。その結果を、先ほど心周期でやったように、体重を横軸に、yを縦軸にとり、両対数グラフ用紙を使って図示します。するとなぜか大抵の場合、点はほぼ一直線に並んでくるのです。両対数グラフで直線になるのですから、yは体重（W）のべキ乗の式で近似できることになります。

$y = aW^b$（a、bは定数）

これはまさに心周期のところで出てきた式です。bが一なら正比例の式ですが、多くの場合一にはなりません。そのような場合、この式をアロメトリー式と呼びます。

エネルギー消費量は、もちろん動物の活動状態によって変わります。運動していればたくさんエネルギーを使うし、寝ていれば少ししか使いません。また、寒ければガタガタ震えてエネルギーを使って体温を保とうとします。食べたばかりの時には消化吸収にエネルギーを使っています。そこで、その動物にとって暑くもなく寒くもなく快適な温度条件に置き、ちょっとの間絶食させて、起きてはいるが安静にしている、という状態での単位時間あたりのエネルギー消費量を求め、これを基礎代謝率（標準代謝率）とします。これは大変便利な指標で、基礎代謝率を二倍すると、一日平均したエネルギー消費量にほぼ等しくなりますし、これを一〇倍すると、目一杯活動している時のエネルギー消費量が分かります。

小はハツカネズミから大はインドゾウまで、いろいろなサイズの恒温動物の基礎代謝率を求め、これを縦軸にとり、体重を横軸にとって両対数グラフ用紙に点を打ちます。すると点はほぼ直線状に並びます（図7－3）。ですから基礎代謝率（E）は体重のベキ乗の式で近似でき、そのアロメトリー式は次のようになります。

$$E = 4.1W^{3/4}$$ （Eの単位はワット、Wの単位はキログラム）

「エネルギー消費量は体重の¾乗に比例する」のです。体が大きいものほどエネルギーをたくさん使うのですが、体重に正比例してエネルギー消費量が増えるわけではありません。体重の¾乗ですから、体重が二倍になっても、エネルギー消費量は一・六八倍にしかならないのです。

これは、ちょっと不思議な結果でしょう。体重とは肉の量、すなわち生きている組織の量を反映したものです。肉の量が倍、つまりエネルギーを使う組織の量が二倍に増えるわけですから、エネルギー消費量も二倍になって当然と思われますが、そうはなりません。

なぜこうなるのかは、動物学上の大きな謎の一つです。まだ誰も答えを知りません（エネルギーを体内にくまなく運ぶには血管が細かく枝分かれして隅々まで入っていかなければなりませんが、その枝分かれが関係して¾乗になるのではないかという、フラクタル幾何学を使った

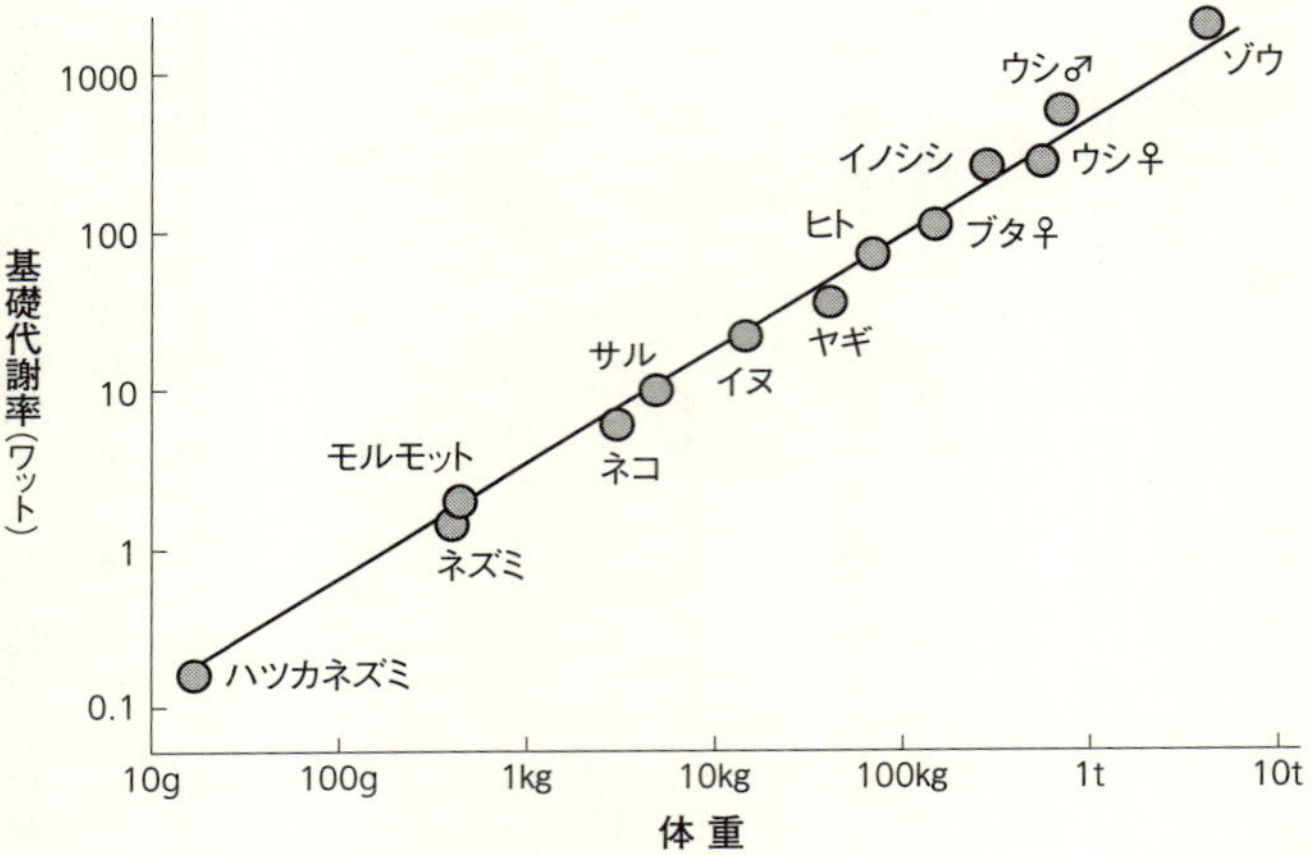

図7-3　基礎代謝率と体重の関係

説が出されています。ただしそれをみなが納得しているわけではありません)。

¾乗ですから体の大きいものほど、図体の割にはエネルギーを使わないのです。そこのところは体重一キログラムあたりの基礎代謝率(比代謝率)を見ると、もっとはっきりします。比代謝率を縦軸にとり、横軸を体重として両対数グラフに描いてみますと、体重が大きくなればなるほど、エネルギー消費量が直線的に減っていくことが見てとれます(図7-4)。サイズの大きいものほど、エネルギーを使いません。

比代謝率(E^S)は次のアロメトリー式になります。

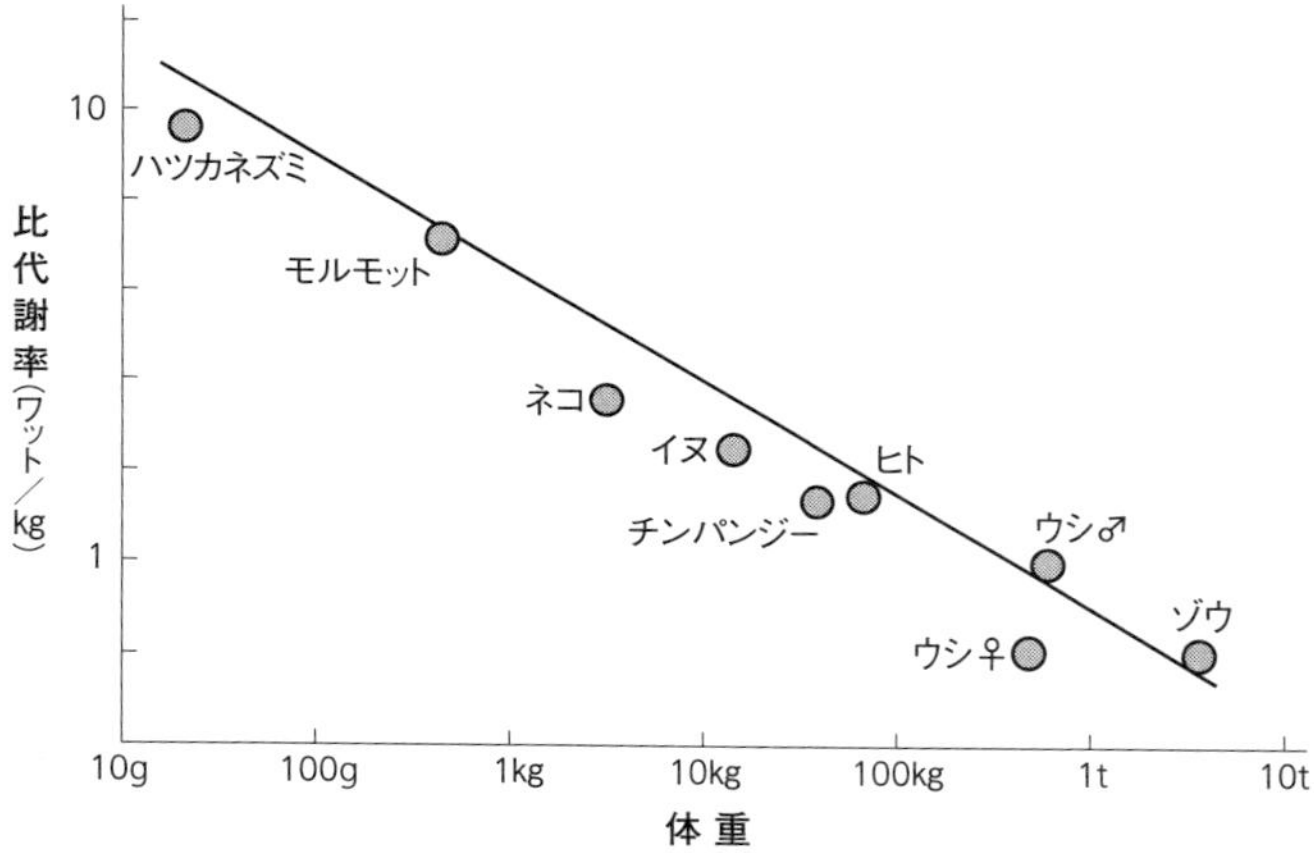

図7-4　比代謝率（体重あたりの基礎代謝率）と体重の関係

$$E_s = 4.1W^{-1/4}$$

マイナス¼乗ですから、比代謝率は体重の¼乗に反比例して減っていきます。大きいものは体の割にはエネルギーを使わず、したがって食べる量も少ないのです。ちなみにゾウはハツカネズミの一〇万倍もの体重があるのですが、体重当たりにすればネズミの一八分の一、たった五・六パーセントしかエネルギーを使わず、それだけしか食べません。ゾウはいたって小食な生きものとも言えますね。

以上は異なった種の間で比較した結果ですが、同一の種内でも、体の大きいものと小さいものとで比べてみると、これと似た関係にはなるようです（ベキ乗の数字は少し違うかもしれません)。いずれにせよ小さいものは体の割にはエネルギーをたくさん使い、たくさん食べます。これは「痩せの大食い」としてよく知られていることですね。

一生に使うエネルギーはみな同じ

エネルギー消費量は体重の$\frac{1}{4}$乗に「反」比例します。そして時間は体重の$\frac{1}{4}$乗に「正」比例していました。どちらも同じ$\frac{1}{4}$という数字です。そこでこの二つの式を組み合わせると、時間とエネルギー消費量とは互いに反比例することになります。別の言い方をすれば、「時間の速度」(時間の逆数)がエネルギー消費量に正比例します。

エネルギー消費量と時間とが反比例するとすれば、この二つの量を掛け算すると、体重の項が消えてしまい一定値になります。

たとえば、時間として心臓一拍の時間をとり、これに一キログラムあたりのエネルギー消費量を掛けてみましょう。すると一ジュールになります(ジュールとはエネルギーの単位)。つまり心臓時計一拍で使うエネルギーは一ジュール、どの動物でも同じなのです。

肺の時間にエネルギー消費量を掛けると、四・五ジュール。つまり「肺時計」を考えれば、一呼吸の間にみな同じ四・五ジュール使います。動物の時間の単位を用いると、その時間内に使うエネルギーは、どの動物でも一定になるというのです。

さてでは寿命という時間の単位で考えてみましょう。すると一生の間に使うエネルギーは一五億ジュールになります。

ただしここでエネルギー消費量として計算に使った値は基礎代謝率、つまり安静時のエネルギー消費量です。でも動物は安静にばかりしているわけではありません。駆け回ればエネルギー消費量はぐっと増えます。そこで一日の平均をとると、安静時のほぼ二倍のエネルギーを使うことが多くの動物で知られています。それを勘案すれば、一生の間に使う実際のエネルギー量は一五億の二倍で約三〇億ジュールと見積もれるでしょう。

恒温動物ならみな一生に三〇億ジュール。これをゾウは七〇年間かけて消費し、ネズミは二～三年で使い切ってしまうのです。

動物の時間は回る

こんな不思議な結果になるのは、ふだん私たちが使っているものとは、定義の違う時間を使っているからです。ここでの時間とは、動物に特徴的な時間の単位のこと。つまり心臓が一回打つ時間、肺が一回動く時間など、体の中で繰り返し起こっている現象の一回分を時間としてとらえています。繰り返しですから、回って元に戻るものとも言えるでしょう。クルクル回る現象の、その一回転の時間、つまり周期を動物の時間として考えたわけです。

おや？　寿命は繰り返してはいない、と思われるかもしれませんね。でも寿命という時間は、個体においては一回きりですが、親が生まれて死に、子が生まれて死に、そして孫が生まれて死にと、世代が交代する繰り返しの単位の時間とみなせるものでしょう。

動物の体の中での繰り返しの周期を動物の時間ととらえれば、時間は体重の1/4乗に比例して長くなります。体の大きいものほど回転に時間がかかる、つまりゆっくりと回っているのです。

体の中では、いろいろな装置が回転しながら働いています。ある特定の装置に注目して、サイズの違う動物間で比べれば、小さい動物のものほど早く回ります。でも装置の寿命になる総回転数はサイズによらず一定ですから、早く回るものは短時間で規定の回転数を回り切ってしまい、早く寿命がくることになります。そしてエネルギー的に見れば、一回転に使うエネルギーはどの動物でも同じ。小さい動物では早く回っていますから、時計の時間で比べればたくさんのエネルギーを使うことになります。回転速度はエネルギー消費量に比例するのです。

これを自動車にたとえてみましょう。ガソリンをたくさん燃やせばエンジンの回転は上がり猛スピードで走れます。しかしすぐに寿命がきてしまいます。一方、ガソリンをけちってトロトロ走れば、長いこと乗り続けられます。ただし速く走ろうがゆっくり行こうが、エンジンが壊れるまでに回る総回転数は同じですから結局、総走行距離は同じになります。

ネズミはF1カー、ゾウはファミリーカーだというのが、このたとえでしょう。ゾウに比べて寿命のごく短いネズミは、はかなく可愛相というのがごく常識的な感想でしょうが、そんなに可愛相がることもないのかもしれません。一生の総走行距離、つまり仕事量はゾウもネズミも同じなのです。人生の最後にふり返った感慨は、大差ないのかもしれません。

時間の速度はエネルギー消費量に比例する

動物では回転する速度、つまり時間の速度はエネルギー消費量に比例します。なぜそうなるのでしょうか?

筋肉が縮むことを例にとって考えてみましょう。縮む際にはミオシンの紐から出ている「手」がアクチンの紐をたぐり寄せるように引っ張ります(170ページ)。一回に手のたぐれる距離には限りがありますから、引っ張ったら、いったん手を離し、手をはじめの位置に戻し直して、再度紐をつかまえてまた引っ張ります。これを繰り返すことにより、筋肉はどんどんと縮んでいくのです。ミオシンの手は元の形に戻らなければ、再び働くことはできません。元に戻すにはエネルギーがいります。ミオシンはＡＴＰ分子を分解し、その際に発生するエネルギーを使って元の形に戻っています。

これはミオシンに限った話ではありません。生物が何かをするということは、ミクロに見れば細胞内で化学反応が起きているということです。化学反応を進行させるには、それを触媒する酵素の変形をともないます。いったん変形した酵素は元の活発な形に戻らなければ、二度と働くことはできません。そこでエネルギーを注ぎ込むことにより酵素を元の活発な形に回復させます。

変形するとは「壊れた」と言ってもいいでしょう。一回働いて壊れたものを、エネルギーを使って直してまた働ける状態にするからこそ、私たちは働き続けられ、生き続けられるのです。

エネルギーを注ぎ込んで元の状態に戻ったということは、一回転して元の状態に戻り、再スタートできるということ。これは時間がゼロに戻ったとも言えるでしょう。生きものはエネルギーを使って時間を元に戻しているのです。

一回転して元に戻すたびに一定量のエネルギーがいります。二回転すればその二倍のエネルギーが、三回転すれば三倍のエネルギーがと、回転数に比例して多くのエネルギーが必要になります。だから素早く回転しているものは多くのエネルギーを使い、結局、エネルギー消費量と時間の速度が比例することになる。これが時間の速度がなぜエネルギー消費量に比例するのかに対する、私なりの答えです。

物理的時間・生物的時間

以上は、時間が元に戻るのだという考え方にもとづいた議論です。

物理的時間においては時間は一直線に流れていき、けっして後戻りしません。その理由に熱力学の第二法則があげられています。エントロピーは増大する、つまり何もしないで放っておけば物はどんどん無秩序になっていくというのがこの法則です。物事の進む方向がこの法則により定まっているのですから、時間の方向が決められていることにもなります。時間は一方向に進み、元に戻ることはありません。

ところが生きものは第二法則に逆らって、無秩序な状態から秩序ある構造物をつくり出し、それを維持しています。絶えず無秩序になろうとする傾向に逆らって、エネルギーを注ぎ込んで元の秩序だった状態に戻しているのです。これは見方を変えれば、エネルギーを使って時間を元に戻しているとも言えるでしょう。物理学の時間は直線的に流れ去って行く、それに対して生物の時間は回って元に戻る円環的な時間です。生物は形のみならず、時間も円いとも言えるでしょう。このような円く回る時間をもつことが、生きもののもっとも生きものらしいところなのだと私は思っています。

回る時間・直線的な時間

生物は回る時間、物理学は直線的な時間というふうに、時間を二つに区別して考えました。じつはこの回るか直線かは、古来、私たちが時間をとらえる際の代表的な二つの見方なのです。

時間を直線的なものとしてとらえる代表はキリスト教でしょう。キリスト教では神がこの世を創った時から世の終末まで、一直線に時間は流れていきます。時間は神のものですから絶対的であり、地上の何ものにも影響を受けることはありません。一定の速度で一直線に神の時間が流れていくのです。

ニュートンは「プリンキピア」を書いて古典物理学を大成させますが、その中でこのような時間を物理学にもち込み、それを「絶対時間」と名付けました。ただしこれについてきちんとした説明を与えていません。注のところに彼はこんなことを書いています。「時間は（……）だれにでもよくわかっていることとして、規定しませんでした」。

西洋人にとって、時間はキリスト教の神の時間以外あり得ないのです。その常識にニュートンも従ったのでした。絶対時間の「絶対」とはすなわち「神」ということです。ニュートンは熱心なクリスチャンでした。自然を第二の聖書と考え、自然の中に神のデザインを読みとるために彼は物理学を研究したのです。だから自然を見るもっとも基本的な枠組みに神の時間をもち込んだのは、しごく当然のことです。

その絶対時間の考え方が物理学の基礎となって今日に到っています。自然科学とは西欧生まれのものであり、西欧風のものの見方にもとづいたものなのです。

ニュートンの物理学は科学のみならず技術の基礎となりました。そのおかげをもって今の物質的に豊かな社会がつくられてきたのです。今や世界中で物理的で直線的な時間が幅を利かせているのはもっともなことです。

では日本人の時間はどうだったのでしょうか?

私たちは古来回る時間の中で暮らしてきたようです。太陰暦では月の満ち欠けにより目に見える形で時間の繰り返しが実感できます。六十歳で還暦を祝いますが、還暦とは暦が還る、つまり時間が回って元に戻ることです。仏教では輪廻《りんね》と言います。再び生まれ変わるのですから、これはまさしく時間が回って元に戻っています。元号というものも回る時間だと私はみなしています。大正が終わって昭和に、昭和が終わって平成になるということは、改元のたびに時間がゼロにリセットされた、つまり回って元に戻ったとも言えるものでしょう。日本人は過去を水に流して忘れてしまう、だから歴史を見る目が育たない、それに対してユダヤ人はえんえんと昔の栄華と恨みとを記憶し続けている、などとよく言われますが、これには時間のとらえ方が大いに関係していると思います。

伊勢神宮に見る生命の本質

「利己的な遺伝子」という言葉はときどき耳にするでしょう。リチャード・ドーキンスの本のタイトルです。個々の遺伝子は、自分のコピーをつくることにより、ずっと続いていく。生物の本質は遺伝子にあり、その遺伝子は続くという目的をもつというのがドーキンスの考えです。正確に同じものが複製され続ければ、オリジナルがなくなっても、ずっと続いていくと言っていいでしょうから、これは正しい見方ですが、そうすると続くのは個々の遺伝子であり、身体はそういうたくらみをもった遺伝子の乗物でしかなくなってしまいます。

私という個体を中心にいつも考えるのが人間というものです。だからドーキンスの考えは科学的にすっきりとしてはいても、個体をこうもおとしめる見方を受け入れる気にはなれません。それに、続くというのが生物の本質だとすれば、続く事が実感できるためには、「私が続く」と考えるのが筋でしょう。そこで本書では、遺伝子ではなく、「私がずっと続く」という目的をもっているのが生物だと考えようと思います。そしてそこから時間とエネルギーの関係を導きます。

生物は約三八億年前に誕生しました。今いる生物たちは皆、その時に誕生したものの直系の子孫だとされています。生物は三八億年もの間、ずっと続いてきたのです。考えて見て下さい。そんなに続いているものなど、身の周りにあるでしょうか。大地だってそれほど続いてはいません。だから生物は続くようにできていると、私は考えざるを得ないのです。生物は続くという目的をもっている、続くことを最高の価値としている。だからこそこれだけ長い間、途絶えることなく続いてこられたのだと、私は考えたいのです。

さてでは、生物が続くものだとすると、それほど長く続くことを可能にしているメカニズムはどのようなものかを考えねばなりません。私たちの体は非常に複雑な構造物です。単細胞生物でもそれに変わりありません。今の技術をもってしても、細胞をつくることは不可能です。こんな複雑で精巧なものでありながらずっと続くようにするには、どんなふうにつくればいいのでしょうか。

建築物と対比して考えるとわかりやすくなるでしょう。絶対壊れないでずっと続く建物をつくる、これは昔から世の王侯貴族が試みていることです。しかしそう願って建てられても、今に残っているものなどほとんどありません。熱力学第二法則がありますから、時がたてば必ず壊れてしまうものなのです。

絶対壊れないことを目指すのではない、別のやり方でずっと続いてきた建物があります。時がたてば壊れるものならば、定期的に新しくそっくり同じものにつくり替えていけば続いていくという発想です。これが伊勢神宮。式年遷宮《せんぐう》を二〇年ごとに行い、まったく同じものに建て替えます。この作業を続けることにより、千年以上たった今も、木の香も新しく私たちの前にその姿を見せてくれています。

じつは生物が伊勢神宮方式をとっているのです。体は使っていれば壊れるに決まっています。壊れてきたら直せばいいのですが、あまりにガタがきたら直し切れません。そこで古い個体は捨てて、そっくりの個体、つまり子をつくり、あらたな生を始めます。こうして世代を交代しながら、私、子の私、孫の私、ひ孫の私と、私を更新していけば、私はずっと続いていきます。こういう子も孫も含めたトータルな私を、ここでは〈私〉と書くことにしましょう。子をつくり続ければ〈私〉はずっと続くのです。

「ちょっと待って！」と声がかかるでしょうね。子は私に似てはいても私そっくりのコピーではありません。子を私だと言うのはあまりに乱暴です。

その通りなのですが、なぜ私そっくりの子をつくらないのかを考えてみましょう。生物は無性生殖により、自己そっくりのコピーをつくれないわけではありません。でもほとんどの生物は、あえてそれを行わず、有性生殖により遺伝子を混ぜ合わせ、自分と似てはいても少し違う子を複数つくります。

こうするには理由があります。環境が変化するからです。今の私は、今の環境に適応しています（適応するとは、生きていけるということ）。環境が変わったら、今のままで生きていける保証はありません。そこで、私に似てはいるがちょっとだけ違うコピーをいろいろつくる。そうすればどれかは生き残る可能性が高くなります。

私はずっとこのまま生き続けていたいのだけれど、熱力学第二法則があるから、定期的に体を更新せざるを得ないし、環境が変わるから、更新の際に、ちょっと私に多様性をもたせざるを得ない。こうして、私をそれほど厳密に捉えずに、ちょっと違っていても同じ〈私〉だとみなすのが生物のとったやり方ではないでしょうか。

ドーキンスのように厳密に同じものが続くとすると、個々ばらばらの遺伝子がずっと続くと考えざるを得ません。すると個体の存在意義がきわめて薄くなってしまいます。でも、これでは私とはこの個体であり、これが一番大切という誰もがもつ素朴な感情を満足させられませんよね。〈私〉という考えに立てば、「死にたくない、でも我が身を捨ててでも子供は守る」という親の情もすんなり理解できるようになります。

体を一からつくり直すには多大のエネルギーがいります。それでもエネルギーを注ぎ込むことによって時間を元に戻し、新たなサイクルを始める。こうして回りながらずっと続いていくのが生物なのです。一回転ごとに一定のエネルギーを使いますから、ネズミのように世代の回転のはやいもののエネルギー消費量は多く、ゾウのように回転のゆっくり（時間が遅い）なものはエネルギー消費量が少ない、つまり時間の速度とエネルギー消費量が正比例するという関係が、こうして出てくるのではないでしょうか。

生物とは回る時間をもって続いていくものです。この生物の本質を式年遷宮という形で、伊勢神宮はあざやかに示してくれています。日本の宗教は西欧のものとは違いおしゃべりをしません。言葉ではなく、建物や儀式という形で真理を教えてくれているのだと私は理解しています。

進化と目的

生物は、ほんのちょっと違う私をつくり続けていくのですが、これを非常に長い間やり続ければ、最初の私からはずいぶんとかけはなれた私になってしまい、結局、別の種へと進化することになります。三八億年の間に、何千万もの種が最初の私から進化してきました。ですから、厳密に言えば〈私〉はずっとは続いていかないのですが、少なくとも数十万年は続きますし、種が変わってしまったとは言え、〈私〉の子孫は続いているのですから、これでよしとせざるを得ないというのが生物の立場だと思います。

ちょっと違った個体のうち、上手に生き残れたものが生き残り、そのうちから、さらに上手に生き残るものが生き残りを繰り返し、今の時点からふり返れば、生物がみな、生き残りのエキスパートになってしまいました。そのため個々の生物は、あたかも生き残ってずっと続くという目的をもつかのようにふるまっています。目的があるということは、それを価値あるものとしているということです。価値や目的をもつようにふるまうのが生物なのです。ただし、そのような目的を生物が意図的にめざしているわけではありません。進化の結果、たまたまそのようなものが身についてしまっているのが生物なのです。

人工物には目的があります。だからずっと続くという目的にかなうように建物をたてるにはどうしたらいいかを考えることができます。生物の場合も同じように考えることができるからこそ、伊勢神宮のやり方から生物のやり方を類推することができたのでした。このあたりが、物理学や化学の扱う他の自然物とは大いに違うところです。

子供の時間・大人の時間

動物においては、時間の速度がエネルギー消費量に比例します。エネルギーを使えば使うほど時間が速く進むのです。
どういうわけかサイズの小さい生きものほどたくさんのエネルギーを使い、時間が速く進みます。短い物理的時間の間にたくさんのエネルギーを使うということは、短時間内にいろいろなことをやっているということです。生きていくペースが速いと言ってもいいでしょう。生きるペースを時間の速度と考え、そのペースをエネルギー消費量（代謝率）で計ろうというのが本書での時間の考えです。

変化がなければ時間は感じられません。アリストテレスは時間を変化の数だとし、数を数えているのが心臓だと考えました。変化はギリシャ語でメタボレー。これはメタボリズム（代謝）の元になった言葉です。体の中の変化は代謝により駆動されています。だから変化＝時間を代謝と結びつけて考えるのは妥当なことだと思われます。そこでアリストテレスに敬意を表し、代謝率とカップルした時間を「代謝時間」と呼ぶことにしましょう。

代謝時間の考えは、かなり適用範囲の広いものではないかと私は思っています。代謝時間を動物の成長段階に当てはめてみましょう。すると成獣と幼獣とでは体重あたりのエネルギー消費量は大きく違いますから、時間の速度も異なることになります。

これを人間に当てはめてみるとどうなるでしょうか。**図7－5**はヒトの比代謝率（体重あたりの基礎代謝率）が年齢とともにどう変わるかを示したグラフです。

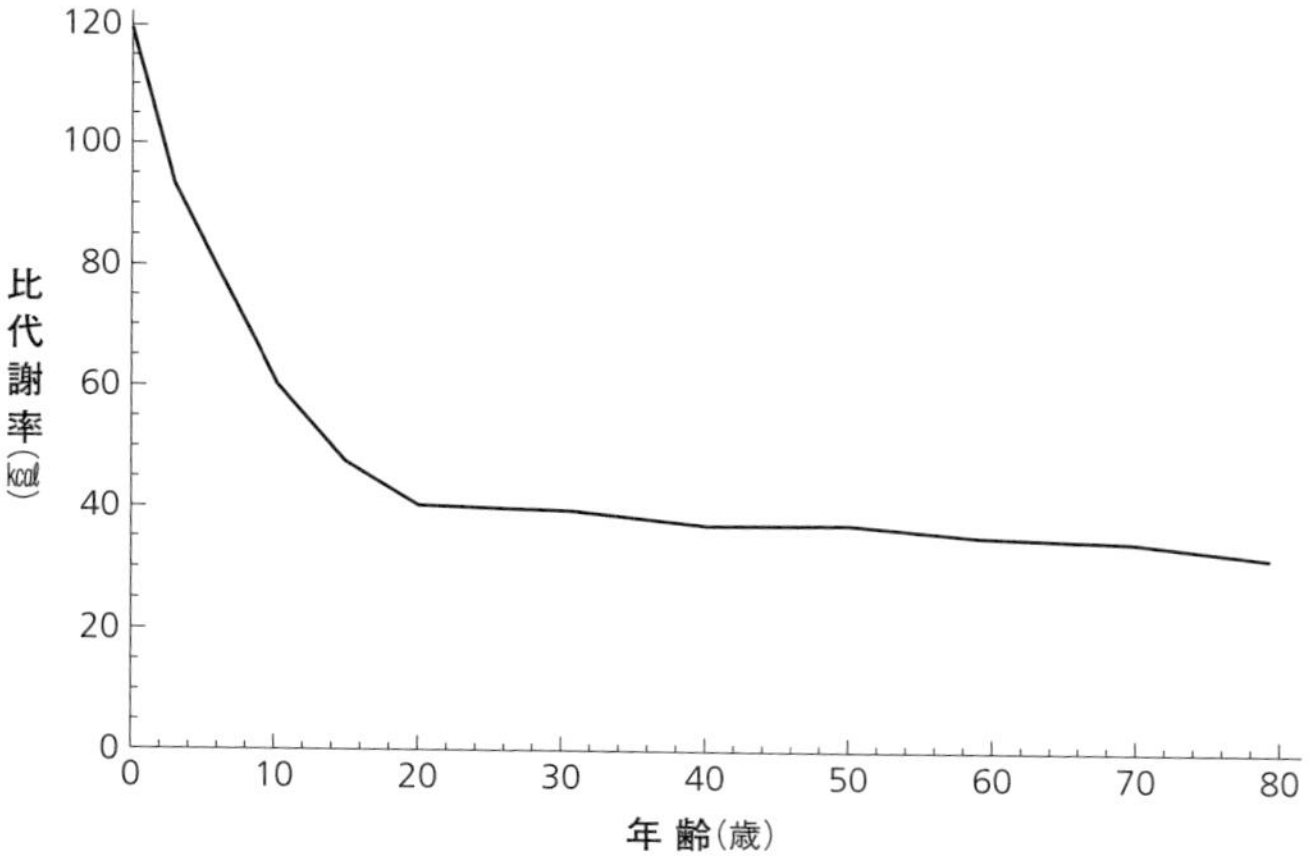

図7-5　ヒトの比代謝率の年齢による変化。1日に体重1kgあたりどれだけのエネルギーを使うかで示してある

生まれたばかりの赤ん坊は体重当たりにすると、ものすごくたくさんのエネルギーを使っています。エネルギー消費量は成長するにしたがってどんどん減っていき、成人になってからは落ち方がずっと少なくなりますが、やはり歳とともに下がり続けます。だから代謝時間を用いると、子供の時間はすごく速く、それに比べて大人の時間はゆっくり、老人の時間はもっと遅いことになります。

年齢にしたがって時間が変わるかもしれないとは、私くらいの歳になると思い当たることですね。記憶をたどれば子供の頃の夏休みはとても長かったのですが、近頃はあっという間に時が過ぎ去っていきます。

これはこんなふうに説明がつくと私は考えています。子供時代はエネルギー消費量が大きく時間の進み方が速いのですが、そうすると二四時間という時計の時間の中では、子供はいろいろなことをやっており、あとからふり返ると一日が長かったと感じられるのではないでしょうか。歳をとると一日は何もしないでスカーンとたってしまうのですから、あっと言う間に日が暮れたと感じてしまうものだと思います。ゆっくりな時間だからこそ、ふり返れば逆に速かったと感じてしまう。時間はその中にいる時とふり返るときとでは、感じる速さが逆になるとは、心理学者のウイリアム・ジェームズも言っていることです。

大人と子供で時間が違うことは、こんな例でも言えると思います。小学校の授業時間は四五分で一コマです。大学は九〇分。私は大学の附属小学校に通っていたのですが、あんなに長い間むずかしい講義を聴いていられるなんてスゴイ！　と隣の大学生を尊敬のまなざしで仰ぎ見ていました。でも今にして思えば、大学生のエネルギー消費量は小学生の半分、だから大学生の時間は小学生より二倍ゆっくりで、言ってみれば時間の密度は半分なのです。大学生の九〇分はちょうど小学生の四五分に相当するわけで、長いから偉いというわけではないのかもしれません。

もし一コマの授業中にする仕事量が、大学でも小学校でも同じになるように授業時間の長さを決めているものならば、時間の速度とエネルギー消費量が正比例するという関係は、ここでは定量的にぴったりと合ってしまいます。

私たちは経験的に、子供の時間と大人の時間の違いを認め、それなりに時間の長さを調節してきたのだと思います。けれども「子供と大人とでは時間が違う」というようには考えてきませんでした。これは、時間とは時計で計るもので、子供であれ大人であれ違いはないと、強く思い込んできたからでしょう。

代謝時間——生きるペースで時間を計る

単位時間内にどれだけエネルギーを使うかは、同じ物理時間内にどれだけの仕事をするかであり、これは生きるペースと言っていいものでしょう。生きるペースを生物の時間としてとらえようというのが代謝時間です。この概念は動物であれ、子供と大人の時間であれ、また後で述べるように社会活動の時間であれ適用できるものだと私は考えています。

ヒトの代謝時間を**図7－6**に示しておきました（二十歳を基準にとってある）。歳とともに代謝時間は長くゆっくりになっていきます。

老人の時間はたぶんゆっくりなのでしょう。だからこそ若い人の時間に合わせようとすると無理が生じるのです。その歳にふさわしい時間で生きてはじめて人は幸せと感じられ

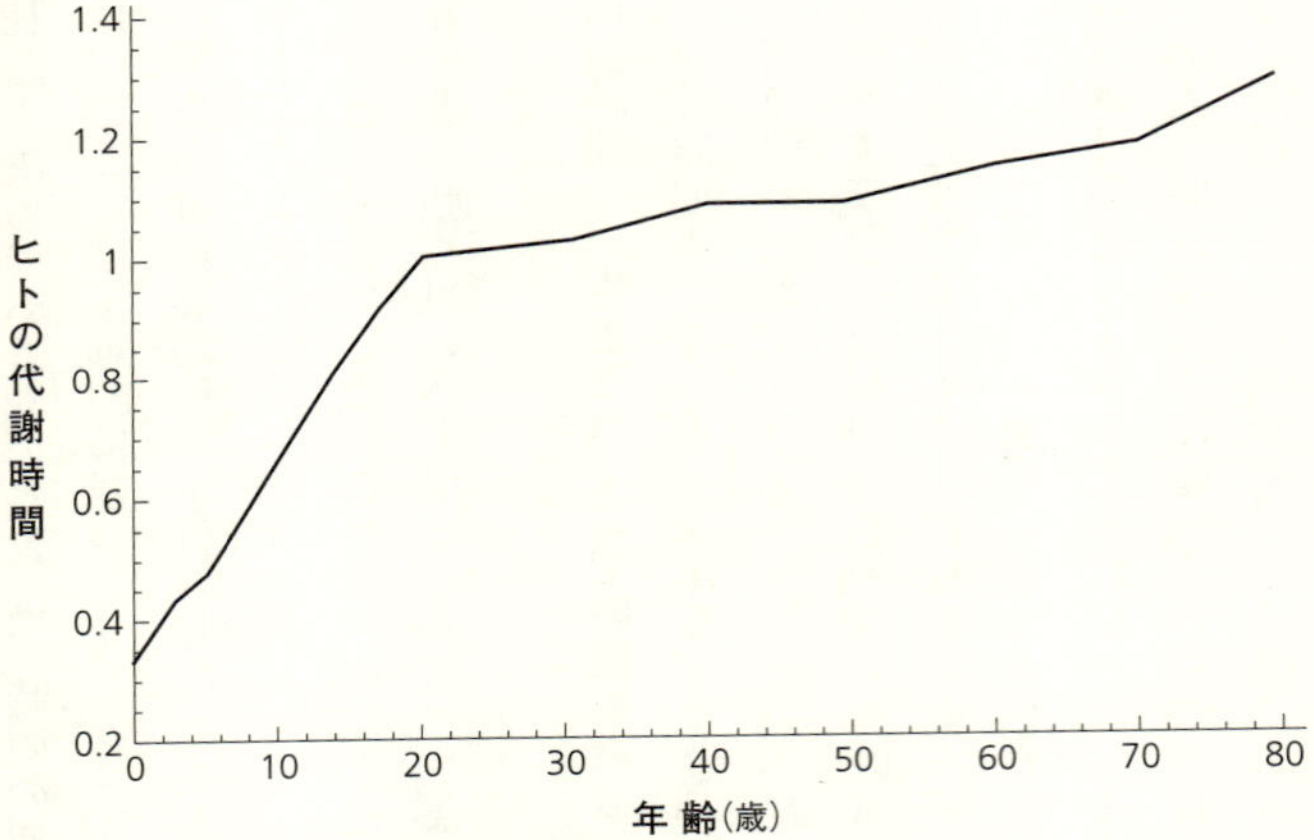

図7-6　ヒトの代謝時間の年齢による変化

るのではないでしょうか。この超高齢社会を生きる上で、時間のとらえ方を変える必要があります。

これは何も老いの時間に限った話ではありません。代謝時間は、教育の現場でも企業の労務管理などにおいても役立つはずです。その年齢にはその年齢の時間があり、それにもとづいてプログラムを組んでこそ、無理のない「人にやさしい」ものになると思います。

現代人はあまりにも唯一絶対の時間という考え方に縛られすぎているのではないでしょうか。代謝時間の見方をもてば、日々の暮らし方や人生設計そのものまでが、ずいぶん変わると私は思っています。

社会の時間もエネルギーを使うと速くなる

生物としてのヒトの時間がエネルギー消費量によって変わるのではないかと考えたのですが、人間の社会活動にも同じ考えが当てはまりそうです。「社会の代謝時間」を考えてみることにしましょう。

日本をはじめ、いわゆる先進国はエネルギー多消費型の社会。石油や石炭から得た大量のエネルギーを使っています。日本国民一人あたりのエネルギー消費量を、各人が生物として生きていくのに必要なエネルギー（つまり食物から摂取するエネルギー量）と比べてみると、なんと、食べるエネルギーの約三〇倍のエネルギーを使っています。

動物たちにとっては食物が手に入るかどうかが生死の鍵を握っているのですが、その大切な食物のもたらすエネルギーが、現代人にとってはたったの三〇分の一の重みしかもっていません。私たちの生き方は、動物のそれとは大きくかけ離れてしまったことが、この数字にはっきりと表れています。

これほど多量のエネルギーを、私たちは何に使っているのでしょうか？　かなりの部分は車や飛行機という交通手段に使われています。これは速い輸送を可能にするものです。工場・携帯電話は速い通信を可能にし、コンピュータは速く大量のデータを処理できます。工場のラインは速く大量の製品をつくり出します。これらの機器をつくって動かすと、なにごとであれ速くできるのです。これらの機器をつくるのにも動かすのにも多大なエネルギーを必要とするわけですから、動物の場合と同様、エネルギーを使えば時間が速く進むと言えるでしょう。私たちは便利な機器を動かし、時間をはやめ、同じ時計の時間内に大量の製品をつくり出せるようになりました。この大量生産・大量消費の時代は時間をはやめることにより可能になっているのです。

現代はビジネスの時間がすべての人たちの時間を決めていると私には思われます。ビジネスとは忙しいこと。忙しいとは時間が速いことです。ビジネスでは「時は金なり」。エネルギーを使って時間を速くすると、同じ時計の時間にたくさんの製品ができ、お金が儲かるのです。生産者はエネルギーを使って時間を操作しているとも言えるでしょう。

では消費者の方はどうでしょうか。われわれはお金を出して車やコンピュータや電子レンジを買い、電気を買ってそれらを動かします。するとはやく物事ができ、そのぶん余暇が生まれてきます。また、欲しいときにすぐに手に入る（つまり待つ時間を短縮する）のも、コンビニや宅急便のおかげであり、これらも大量のエネルギーを使っている産業です。結局、生産者も消費者もエネルギーを使って時間を操作しているのが今の世の中なのです。

何をするにせよエネルギーを必要とします。電気やガソリンの供給が止まれば、活動はほとんど止まってしまうのは、東日本大震災で経験したことですね。エネルギーをたくさん使うということは、セカセカといろんなことをやっており、活動のペースが速いということです。社会活動のペースを時間の速度とみなし、それをエネルギー消費量で計るのは、適切な方法ではないでしょうか。社会生活の時間を考える際にも、「社会の代謝時間」という考え方は有効だと思います。

第3章で「文明は硬い」と申し上げました。それに加えて産業革命以後、「文明は速い」という特色が加わったのだと私は思っています。

時間を速める以外のエネルギーの大きな用途に、照明や冷暖房があります。これらは速さとは直接関係ないように見えますが、電灯をつけて夜も働き、暑くてウダーッとしている季節もクーラーをかけて気持ちよくバリバリと働いているわけで、仕事をはかどらせて速く仕上げることに寄与しています。

夜も、夏や冬もみな、活動しにくい不活発な時間とみなせるでしょう。それを、エネルギーを使うことにより、活発な時間に転換しているのです。

この転換の最たるものが近年の長い寿命です。昭和二二年の平均寿命は五二歳。それが平成二七年には、女性八七歳、男性八一歳にまで伸びました。これは医療、さらには衛生・食料供給・冷暖房などのおかげであり、それらすべては莫大なエネルギーを使用することにより可能になっています。私たちはエネルギーを使うことにより、死という最も不活発な時間を活発な時間に転換することに成功したのです。

じつは縄文時代から室町時代まで、寿命は三〇歳代でした。人類何十万年の歴史を通し、寿命はずっとこのくらいだったのです。今やその三倍近くも長く生きています。これはわれわれの体自体が変わったというよりは、大量のエネルギー消費に支えられた生活の変化によるものです。

心臓が一五億回打てばみな死ぬという話をしましたが、体の大きさから予測されるヒトサイズの動物の寿命は四一・五歳。事実、四〇代になると老眼が出、髪が薄くなり、閉経がくるというように老いの兆候が現れます。自然界では老いた動物が生き残ることはほとんどありません。それなのにこうして私たちが長寿を楽しめるのは、大量のエネルギー消費に支えられた今の生活にあります。とくに医療技術の進歩がこの長命に寄与していま す。

ただしこの寿命の延びた部分は、昔にはなかった部分、つまり自然選択にかかっていない部分、いわば保証期限の切れた部分なのです。そのようなガタガタの部分はいさぎよく捨てて、子という形で生き延びていくのが生物の姿だと本章では述べてきました。この超高齢社会をどう生きるかを考える上で、これは覚えておくべきことでしょう。ガタガタの体に文句など言ってはいけないのです。それを覚悟でこうして生きているのですからね。

このガタガタの体を支えるには、莫大なエネルギーとそれを買うためのお金が必要です。長生きのせいで化石エネルギーはなくなる、環境は悪化する、お金は赤字国債でまかなっているのが現状で、これはすべてのつけを次世代に押しつけ、自分だけ長生きしていい思いをしているのと同じことです。こんなことをしていては、〈私〉がずっと続いていくはずはありません。生物のもつ「続く」という最高の目的・価値をないがしろにしているのが今の生き方です。生物として見れば、はなはだ悪い生物になっているのですね。

もちろんわれわれは単なる生物ではありませんから、生物としての価値など気にすることはないとつっぱねることもできるでしょうが、続くということや次世代のことに、ここまで配慮がなくてはたして良いのだろうか、悪い生物でありながら良い人間であることができるのだろうかと、強く疑問に思ってしまいます。

便利なことは良いことか?

長生きはいいことだ、はやくできること（＝便利なこと）はいいことだと信じ、技術者（医療技術者を含む）はもっと長生きできるように、もっとはやくなるようにと、日々努力しています。しかし今のようなやり方での長生きは次世代に対してうしろめたいことでしよう。ではもう一方の「はやい」も、文句なくいいことなのでしょうか。

再度強調しますが、私たち現代日本人は体の必要とするエネルギーの約三〇倍ものエネルギーを使っています。ということは、余計なエネルギーを使わなかった昔に比べ、時間が三〇倍も速くなっているのかもしれません。

今のように大量にエネルギーを使い始めたのは、石炭や石油が自由に手に入るようになってからのこと、つまり明治以降のことです。それ以前は薪炭《しんたん》を少々使うくらいで、消費エネルギーは微々たるものでした。だから社会の時間は明治以降急速に速度を増し、たかだかこの一五〇年で時間が三〇倍も速くなってしまった――代謝時間の考えを当てはめればそうなります。たしかに明治以降、とくに戦後の高度成長期以降の生活は便利になりました。何でも速くできるようになったのです。

ただしここに重大な問題がひそんでいます。心臓がドキドキ打ったり、肺が動いたりという時間は、現代人といえども昔とまったく変わっていません。体の時間は昔のままなのに、社会の時間がとてつもなく速くなっているわけで、これは体の時間と社会の時間との間に、ものすごく大きなギャップが生じていることを意味するでしょう。これほど大きな時間のギャップに、はたして体が耐えられるでしょうか？　そんなギャップを抱えて、はたして幸せに生きていけるものでしょうか？

うつ・自殺・過労死が問題になっていますね。いつも時間に追いかけられ、心の安まる間がありません。速い時間に追いつけないため、長時間残業をしてまでも、なんとか追いつこうとするわけで、長時間勤務の原因は、ただ長いだけではなく、そもそも時間が速いからではないでしょうか。

便利な方が良い、速いのがいいに決まっていると、みんなが信じて今の社会システムをつくり上げてきました。便利な製品をつくればそれだけよく売れ、輸出も増えて、国が豊かになったのは確かです。日本は技術立国でここまでやってきたのですが、その技術とは、車やコンピュータといった、時間を速める技術ばかりです。

技術者は、より便利なもの、より速いものをつくろうと日夜努力しています。でも、便利なものができれば、体の時間と社会の時間のギャップは、さらに大きくなるのです。技術者が努力すればするほど私たちは不幸になっていく、というのが現実なのかもしれません。

現代人といえども、生きものとしてのヒトの生きるペースから大幅にはずれてしまったら、やはり幸せに生きるのは、むずかしいのではないでしょうか。ヒトとしての「時間のデザイン」に合った生き方を心がける必要があります。技術者も、これを考慮した製品づくりをすべきではないかと、私は主張したいのです。

動物の根本デザイン

動物の時間と空間についてまとめておきましょう。

動物の時間は体重の$\frac{1}{4}$乗に比例します。体重を体長で置き換えると、この関係は「時間は体長の$\frac{3}{4}$乗に比例する」と書き表せます（体重は体積に比例し、体積は体長の三乗に比例するからです）。

動物は体長をもとにして空間を測っていると思われます。私たちだって、指を開いて尺、一歩の長さがフットなどというふうに、自分の体を単位として空間を測ってきました。体長が空間の単位だとすれば、時間が体長の$\frac{3}{4}$乗に比例するということは、動物の世界では時間と空間とが、このような形で互いに相関し合っているということでしょう。時間と空間とは相関しておらず、独立しているというのがニュートン力学ですから、これは大変に大きな違いです。

動物の時空の関係式と、時間とエネルギー消費量の関係式とを並べて書いてみましょう。

$$\text{時間} \propto (\text{長さ})^{3/4}$$

$$\text{エネルギー} \propto \frac{1}{(\text{時間})}$$

（∝は比例するという印）

この二つの式で、動物の時間、空間、エネルギーの関係を表せることになります。時間も空間もエネルギーも、もっとも基本的なもの。それらがこんな簡潔な式で書き表せてしまうのです。動物では、時空とエネルギーとがこのようにデザインされている、と言っていいと思います。この関係式は動物のもっとも基本となるものの間の関係ですから、「動物の根本デザイン」を反映したものでしょう。そしてこの式が、これからの技術や私たちの生き方を導くものにならなければいけないと思っています。

ここにニュートン物理学とは違った時空とエネルギーの関係が明らかになったのですから、これにもとづき、まったく新しい技術の体系をつくり上げることができるのではないかと私は夢見ています。その体系の中での時間は西洋風のものではなく、私たち日本人の心情にも生きもののデザインにもピッタリとくるものです。西欧の人たちの思いも着かないような、日本初の新技術がここから生まれ出れば、これこそが独創的なものと言えるでしょう。西欧の定めた科学や技術の土俵の中で独創性を競っても、やはりそれはものまねでしかありません。

これからの技術は生物のデザインをふまえたものとなる必要があります。人間の生き方だってそうです。生物学を学び、生物のデザインに学ぶことにより、人間として幸せに生きられるようになるし、また多くの生きものたちと、この狭くなった地球の上で共に生きていくことが可能になると私は信じています。

環境問題を解く鍵は時間の見方にある

本章では動物の時間について、いろいろと考えてきました。動物の時間は物理的時間とは違います。違いをまとめておきましょう。

①それぞれの動物にはそれぞれ別の時間があり、物理的時間のように決して時間は一つではない。
②生物の時間は回る時間であり、物理的時間のように直線的ではない。
③動物の時間はエネルギー消費量によって速度が変わるものであり、物理学的時間のように速度が一定不変のものではない。

今や環境問題が早急に解決すべき大きな課題となっていますが、環境問題を考える上でも、この時間の三つの違いが、重要になってくると私は思っています。

まず、①時間がいろいろあるという考えが重要だという例をあげましょう。「環境にやさしい技術」、「環境にやさしい生き方」が流行文句になっていますね。環境といった時に、私たちにもっとも関係の深い環境とは、いろんな生きものがかかわってつくっている生物環境です。そこで生物環境に対してやさしくなるにはどうしたらよいかいろいろ考えることになるわけですが、その際にエンジニアは物理的時間ですべてを考えて事を進めています。でもじつは環境をつくっている一つ一つの生きものたちは、それぞれ独自の違った時間をもっているのです。とすると、いくら技術者がこうすればやさしくなると誠意をもって事に当たっても、とんでもない見当はずれで、やられた相手の生物にとってはいい迷惑、ということにもなりかねません。今までのように「時間は一つ」という考えだけでは、環境問題は解決できないのではないでしょうか。

②回る時間という考えも、環境問題を解く鍵になるでしょう。この「回る」という発想が大切だと思うのですね。親の世代から受け継いだものをそのまま次の世代に引き渡せば、そこで時間はくるっと回って元に戻ります。だけど現代人はそれをしていません。エネルギーや資源は使いたいだけ使って相当減らして次世代に引き継ぎますし、廃棄物をはじめとする環境悪化の負の遺産は大幅に増やして手渡しています。現代では時間は回っていないのです。

生物の世界においては、資源はリサイクルされて回っています。生態系ではすべてが回転しており、回転の駆動力が太陽エネルギーです。使われてなくなってしまうのは太陽からのエネルギーだけ。それ以外の資源は地球の中で循環しています。生物とは回るようにデザインされており、それは時間だけではないのです。

近代人は回るということを因循姑息《いんじゅんこそく》、保守的でいけないものとして排除し、いつも新しいものを求め、フロンティアへ、フロンティアへと、真っすぐに突き進んできました。直線的な時間観は、明日は今日よりも良くなるという進歩思想を生みだし、それは現状を変える大きな力になってきたのですが、変わっていったその結果が、環境問題として、こうして私たちの前につきつけられています。やはり、時間をはじめとして「回る」という思想を再評価すべき時にきていると思います。

③時間の速度が不変のものではなく、変わるという考え方も重要です。時間が変わらないと思い込めば、時間を意識的に考えるということもなくなってしまうでしょう。現代のなんでも速い方が良いと安易に考える傾向は、その弊害だと私は思っています。

たぶんその時代にはその時代のペースがあるものなのでしょう。そのペースが社会の時間的な環境を形づくっているはずです。現代日本では、社会の時間がものすごい勢いで速くなり続けています。この速さがはたしてヒトが耐えられる速さなのかどうかに本章では疑問を呈しておきましたが、時間そのものの速さもさることながら、変化の速さのすさまじさが大問題だと思うのですね。これを別な言葉で言うなら、現代では「時間環境」がどんどん変化しており、これは環境破壊と呼んでもいい事態ではないかという疑問です。

時間が環境問題として取り上げられることは、まずありません。時間は一定不変のものとしか考えられていないからです。しかし時間の問題は、環境問題の中でもとりわけ重要な問題だと私は思っています。エネルギー問題も、それから派生する地球温暖化の問題も、元をたどれば時間を速めるために私たちがエネルギーを大量に使っているからです。時間の問題を解決することこそが、環境問題を解く鍵です。

生きるとは時間を生み出すこと

リスやヤマネのように冬眠する動物がいます。冬眠中は体温が下がり、エネルギー消費量も非常に少なくなるのですが、これら冬眠する動物たちは、しないものに比べて長生きなのです。冬眠中には時間がごくゆっくりになっており、その間は体が磨り減ることが少ないから、その分、長生きするのではないでしょうか。動物では、エネルギーを使わなければ時間は止まる、と言えると思います。

物理的時間においては、何をしようと、また、何もしまいと、同じように時間は流れていきます。ところが生物にとっては、何もしなければ時間は止まってしまうのです。弥生の遺跡から出土したハスの種から花が咲いたのは有名な話ですが、このハスなど、二〇〇〇年もの間、時間を止めておき、また時間を流して花をつけたのだと言えるでしょう。

動物の時間の速度は単位時間あたりのエネルギー消費量に比例します。単位時間（物理的時間）あたりのエネルギー消費量とは、物理学的には仕事のことです。だから、生物では仕事と時間とが密接な関係をもっているわけで、「仕事をしてはじめて時間が生まれてくる」とも言えると思います。

もう一歩踏み込んで言えば、生きるということは、エネルギーを使って自ら時間を生み出すことではないでしょうか。

時間を自分でデザインしよう！

生物の時間はエネルギー消費量により変わるものです。エネルギーをたくさん使えば濃密な時間が流れ、あまり使わなければゆったりとした時間になります。エネルギー消費量により、時間の質が変わるのです。同じ長さの時計の時間でも、生物の時間にはいろいろな質のものがあるし、また、質の違うものを自らつくれるのだとも考えられます。物理的時間は均質なものですが、生物においては、時間の質を問うことができるのです。

同質で何をしようとただ流れていくものとして時間をとらえるのと、自分がどうするかで時間の質を変えられるのだと思うのとでは、時間に対する接し方が変わります。私たちの生き方自体もずいぶんと変わってきます。

物理的時間を信じ込んでしまえば、われわれがどうしようと時間は変わるものではありません。ただ受動的に時間と接することになり、結局、時間の奴隷《どれい》にあまんじることになってしまいます。ただただ時間のベルトに乗せられ、流されていくだけ。われわれにある唯一の自由は、そのベルトにどれだけ長くしがみついていられるかだけです。だからこそ、どんな状態になっても、なんとかいのち長らえようとあがいてしまうのではないでしょうか。

それに対し、生きものの時間とはエネルギーを使って自分でつくり出すものであり、いろいろな質の時間をもてます。こう考えれば、自分が時間の主人になれるわけで、積極的に生きていけるようにもなるでしょう。とくに現代人はエネルギーをどれだけ使うかで社会の時間を自由に操作できるのですから、複数の質の違う時間を意図的にもつことができるはずです。エネルギーを使わないゆったりとした時間や、エネルギーを集中して多くを生産する時間、そういう質の違う時間をいろいろもって楽しむこと、これこそが豊かなことなのだと、私は考えたいのです。

今はビジネスの時間が仕事中のみならず、生活のすみずみにまで行き渡っています。せめて仕事から離れた時には、体の時間を主役にした時間をもつことが、身体も精神も健全に保つために必要なのではないでしょうか。時間を自分なりにデザインすること。これを上手にできることが、これからの私たちの生きる上での知恵になるべきだと私は思っています。

おわりに

本書がＮＨＫライブラリーの一冊として刊行されたのはちょうど二〇年前。久しく絶版でしたが、再刊を望む声を受け、装いも新たに再登場することになりました。内容が少しも古びていないからです。とはいえ、この二〇年の間にそれなりに学問も進みました。私の生物理解もかなり深まりました。それらを反映させたため、旧版の原稿に相当手を加えることになりました。

本書で取り上げたのは、生物の形・体の大きさ・時間・体をつくっている材料・運動。これらは目に見え、自分で実感できるものです。生物学の分野でも、遺伝子・タンパク質・細胞など、目に見えず実感できない分野は、分子生物学のめざましい進歩により、あっという間に古びていくのが今の時代。ところが目に見える分野の基礎的な部分は、すでに十分な蓄積があり、そう簡単に変わることはありません。いわば古典的生物学と呼べる部分です。

古典的とは歴史が古いというだけではなく、いつまでも古びずに、どの時代の人間も学ぶべきものだという意味があります。この部分をきっちり理解しておかなければ、最先端も理解できないのは当然。だから古典をきっちり学べる本はぜひとも必要ですが、なにせこの分野の研究者は数が少なく、その中から本の著者が出てくるのは期待薄。だからこそ本書の復刊が望まれていたのです。

古典的と自分から言っているといって、本書がどこにでもある教科書的なものであり、何ら新しい考えや、著者の独創が含まれていないととってもらっては困ります。「はじめに」で書いたように、そもそも生きものの形をまともに考えることなど、なされてきませんでした。それが科学の体質に基づく根本的な問題だというのが、「はじめに」でふれたフッサールの指摘であり、それを受けて、形のみならず時間についても独自の視点から考えを展開させているのが本書です。

*

時間のおさらいをしておきましょう。普通、時間といえば万物共通の絶対時間。これは一直線に流れ去っていき、「今」は、あっという間に過去になってしまいます。絶対時間のイメージは直線であり、「今」は直線の切り口の点。点に長さはなく、点をいくら並べていっても線にはなりません。こんな「今」や、それを元にした時間を、実感できるとは思えません。

本書の売りは「実感の生物学」。「今」が実感できるには、ある一定の長さをもった線分である必要があります。そういう長さの中で、未来→現在→過去と変化が起き、それが実感できる。そしてその線分の長さを用いて外の時間を計る。それを行っているのが心（心臓）だ——そうアリストテレスは考えました。それに倣《なら》って本書では「心臓時計」を考え、心臓の打つ速さは動物ごとに違うから、時間は動物により違うと主張しました。

カント（一八世紀ドイツの大哲学者）は、外界のありのままの時間の姿を認識することはできず、感じられる時間とは、私たちに生まれつき備わった時間を認識する枠組みを通した姿だとしました。その枠組みが理性だとカントは言い、アリストテレスもまた、時間を感じるのは心の理性の部分だと考えています。

このような理性の扱いには、人間と他の生物を峻別《しゅんべつ》しようという厳密主義が強く働いており、生物学者としては気になってしまうところです。厳密に言ったら、人間以外に理性はないでしょう。でも、生物だって自然の変化を感じて生きており、変化が時間を成り立たせるものなのだから、時間らしきものを感じとる枠組みをもっているに違いありません。それがエネルギーで駆動される「心臓時計」であり、動物の時間はエネルギー消費量で測定できるというのが、本書で展開した「実感の時間論」です。

時間とは絶対時間のようなものだと、何気なく信じて日々暮らしていますね。でもそういう固定観念からちょっと離れて、絶対的な時間という「科学的」な見方を、もう少しゆるやかにすると、生物の時間の本質が見えてきます。そして現代社会の本質も見えてきました。ここは形についてのやり方と同じです。

最終的には、「私がずっと続く」という生物の本質に沿うように、形も時間もできていると本書では主張しました。この「私がずっと続く」という考えを受け入れるには、親と子とはちょっと違っているという、そこの違いには目をつぶって、親も子も孫もみんな同じ〈私〉なんだとみなす必要がありました。ここにおいても、厳密さを振り回すことなく、アバウトな見方をすると生物の本質が見えるのだという、本書で採用した方法が生かされています。

＊

アバウトな見方と申しましたが、決していいかげんではありません。これは判断するに当たって「円柱形である」とは言わずに「円柱形とみなす」やり方であり、カントはこれを「反省的判断力」と呼びます。多様なものから出発し、そこに普遍性を見出す際に、これは有効なやり方です。

こういうやり方を、普通、科学者はとりません。物理学者や化学者や分子生物学者は、素粒子や分子や遺伝子という普遍概念から出発します。しかし生物の個々の個体も、千万種以上いると言われている種も、きわめて多様なものであり、その多様性に大いに意味のあるのが生物なのです。そういう現実に存在している多様なものから出発し、なんとかその多様性の中に普遍性をみつけたい時には、物理や化学とは、やり方を変える必要があります。そこを強く意識して執筆したのが本書です。かなりユニークだと感じられるでしょうが、ここのところを楽しんでいただければ嬉しく思います。

＊

本書の元になったのは、ＮＨＫ教育テレビ「人間大学」の放送原稿であり、一二回の放送では毎回、まとめの歌を歌いました。その時の楽譜を一曲だけ掲載しておきます。これは放送に当たって作ったもので、放送収録時がはじめてのお披露目。歌い終わったら、照明担当の方が、つかつかと近づいてきました。ちょっと目が赤くなっています。「じつは私、先月母親をなくしたばかりなんです。今の歌を聴いて救われました。私がしっかり生きていけばいいんですね。ありがとうございます」。科学で人の心を救うことはできないと思われていますが、生物学は違うということを経験させていただきました。
新書化に御尽力下さったＮＨＫ出版の粕谷昭大氏に感謝いたします。

二〇一七年一二月

本川達雄

生命《いのち》はめぐる

作詞
作曲　本川達雄

※本書は、一九九八年二月に発行された同名書籍に加筆・修正を施した上で、再編集をしたものです。

本川達雄 もとかわ・たつお
1948年、宮城県生まれ。
東京工業大学名誉教授。専門は動物生理学。
東京大学理学部生物学科(動物学)卒業。
同大助手、琉球大学助教授、
東京工業大学大学院生命理工学研究科教授などを歴任。
「歌う生物学者」としても知られる。
著書に『ゾウの時間 ネズミの時間』
『ウニはすごい バッタもすごい』(以上、中公新書)、
『人間にとって寿命とはなにか』(角川新書)など。

NHK出版新書 540

生きものは円柱形

2018(平成30)年1月10日 第1刷発行

著者 本川達雄 ©2018 Motokawa Tatsuo

発行者 森永公紀

発行所 NHK出版
〒150-8081東京都渋谷区宇田川町41-1
電話 (0570) 002-247(編集) (0570) 000-321(注文)
http://www.nhk-book.co.jp (ホームページ)
振替 00110-1-49701

ブックデザイン albireo

印刷 慶昌堂印刷・近代美術

製本 藤田製本

Printed in Japan ISBN978-4-14-088540-6 C0245

NHK出版新書好評既刊

NHK出版新書好評既刊

富裕層のバレない脱税
「タックスヘイブン」から
「脱税支援業者」まで
佐藤弘幸

富める者ほど払わない――マルサを超える最強部隊と呼ばれる元国税局資料調《リョウチョウ》査課の著者が、富裕層のあらゆる脱税の手口を白日のもとにさらす！

526

がん治療革命の衝撃
プレシジョン・メディシンとは何か
NHKスペシャル取材班

進行がんの患者の余命を五年以上に延ばせる時代が来た。遺伝子解析でがんを叩く〝革命的〟治療とは？ 大反響を得たNHKスペシャルの出版化。

527

23区大逆転
池田利道

都心の圧勝はいつまで続くのか。コスパ抜群の台東区・江東区、伸び代が大きい足立区・北区など、最新のデータから「次の勝者」を読み解く。

528

〈女帝〉の日本史
原 武史

神功皇后、持統天皇、北条政子、淀殿……女性権力者の知られざる系譜を明らかにする。東アジア諸国との比較を通して日本をとらえ直す野心作！

529

［シリーズ］企業トップが学ぶリベラルアーツ
世界は四大文明でできている
橋爪大三郎

「キリスト教文明」「イスラム文明」「ヒンドゥー文明」「中国・儒教文明」。世界を動かす四大文明の内実とは？ 有名企業の幹部に向けた白熱講義！

530

いのちと味覚
「さ、めしあがれ」「イタダキマス」
辰巳芳子

いのちと味覚は不即不離。「生きていきやすく食べる」ための心得を、「畏れ」「感応力」「直感力」「いざのときを迎え撃つ」「優しさ」の五つの指標から説く。

531

NHK出版新書好評既刊

藤井聡太 天才はいかに生まれたか
松本博文

史上最年少棋士にして、歴代最多連勝記録を更新した、恐るべき天才。本人や親族から棋士・関係者まで、豊富な証言からその全貌に迫る。

532

ニッポン宇宙開発秘史
元祖鳥人間から民間ロケットへ

的川泰宣

笑いあり涙ありの舞台裏をまじえて、宇宙開発の全容をこの一冊に凝縮。逆境と克服の歴史を辿ると、日本の真の力と今後の行く末が見えてくる！

533

人工知能の「最適解」と人間の選択
NHKスペシャル取材班

人工知能がいよいよ研究室を飛び出した。電王戦にはじまり、職場、法廷、そして政治の世界まで。徹底取材を基に人工知能との共存の道を探る。

534

シリーズ・企業トップが学ぶリベラルアーツ 宗教国家アメリカのふしぎな論理
森本あんり

歴史をさかのぼり、トランプ現象やポピュリズム蔓延の背景に鋭く迫る。ニュース解説では決して見えてこない、大国アメリカの深層とは？

535

西郷隆盛 維新150年目の真実
家近良樹

知的でエレガント、この上なく男前だが涙もろく神経質でストレスに悩む——西郷研究の第一人者が調べ上げて描く、日本史上最大のカリスマ、その真の姿。

536

北朝鮮はいま、何を考えているのか
平岩俊司

迫りくる核戦争の危機。世界は、北朝鮮の暴走を止められるか。謎に包まれた指導者・金正恩の魂胆を暴く。緊急出版！

537